KB136467

세계음식문화

장미라 · 권준희

신광출판사

머리말

세계화 시대에 적합한 지도자로서 성장하려면, 자신의 식문화와 다른 나라의 식문화를 동시에 이해하여 여러 문화가 혼합된 환경에서도 살 수 있는 능력을 갖는 것이 필요합니다. 그래서 한 나라의 자연환경과 역사와 함께 식문화를 알 수 있는 세계 음식문화 교재를 집필하고 싶었습니다. 하나님의 예비하심으로 이 책의 저술을 위한 강릉원주대학교의 장기해외파견 연구비를 지원받게 되었고, 캔사스 주립대학(Kansas State University) 권준희 교수님의 초청으로 공동 집필할 수 있게 되었습니다.

본 책에서는 각 나라의 자연환경과 역사를 배경으로, 유럽에서는 밀을 주로 먹는 지중해와 이탈리아, 남아메리카에서는 서류를 많이 먹는 페루, 중부 아메리카에서는 옥수수를 주로 먹는 멕시코의 식문화에 대해 기술하였습니다. 쌀을 주로 먹는 아시아 국가 중에서는 한국과 가까운 중국과 일본 뿐 아니라 필리핀과 베트남의 식문화를 다루고 있습니다. 이들 나라에서 장기간 거주한 경험이 없는 상태에서 쓰여진 본 책의 내용이 많이 부족함을 송구하게 생각하며 지속적으로 보완하고자 합니다.

역사적 흐름의 이해를 도울 수 있는 고고학적 자료들이 필요하였는데, 그동안 강릉원주대학교의 수강생들이 촬영해 온 사진들과 뉴욕의 The Metropolitan Museum of Art의 OASC 자료들을 이용할 수 있어서 감사한 마음입니다.

다시 한 번 캔사스 주립대학교의 권준희 교수님께 감사드리며 방대한 자료를 보유한 Hale 도서관과 아름다운 Manhattan Public Library의 자료들을 이용할 수 있어서 감사합니다. 이 책의 완성을 위해 함께 기도해주시고 미국 음식들에 대해 설

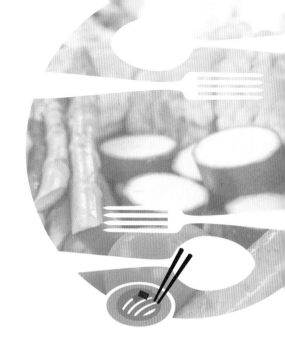

명해 주셨던 Faith Evangelical Free Church의 Bill Moir, Kevin Carnes, David Stuck-enschmidt, Blain Lemmons, Rodney & Jane Fox께 감사드립니다.

World friendship에서 매주 여러 나라 여성들이 음식을 요리하는 것을 지켜보고 맛 볼 수 있었음도 하나님의 예비하심이었습니다.

또한 본 책의 저술을 격려해주시고 지원해주신 김은경 교수님, 유병진 교수님, 이원종 교수님, 노정미 교수님께 감사드립니다. 그리고 스승님이신 곽동경 교수님, 모수미 교수님, 故 이기열 교수님께도 감사드립니다. 특히 원고의 교정을 도와주신 이형수 목사님께 감사드립니다.

항상 기도해주시는 부모님과 형제들과 저술로 바쁜 저로 인한 불편함을 감내해준 남편과 자녀들에게 감사드립니다. 부족한 저자의 책을 출판해주시는 신광출판사 사장님과 편집부께 감사드리며 본 저술을 진행하는 동안에도 크나큰 사랑을 보여주신 하나님께 감사와 영광을 드립니다.

2016. 2 저자씀

"이 저술은 2014년도 강릉원주대학교 장기해외 파견연구 지원에 의하여 수행되었음"

Contents

 chapter **1** 식문화

chapter 2 세계 음식문화

chapter 3 지중해와 이탈리아

chapter **4** 남아메리카와 페루

chapter **5** 멕시코

chapter **10** **필리핀**

chapter 1

식문화

1. 재배와 문화

사람은 그들이 먹고 있는 음식을 어떻게 먹게 되었을까? 생선의 눈, 개구리 다리, 동물의 피, 곤충 등은 쉽게 구할 수 있지만 일부 사람들은 식품으로 먹고, 다른 사람들은 혐오식품이라 생각하고 먹지 않는다. 이와 같이 사람은 쉽게 구할 수 있다고 어떤 식품을 먹는 것이 아니라, 조상으로부터 배운 생활방식 즉 문화(culture)에 따라 자신이 먹을 수 있다고 생각되는 것을 먹는다.[1]

culture는 재배, 문화, 교양의 뜻을 지니고 있다. 즉 재배로 문화가 발전되고, 문화의 발전으로 사람은 자신이 살고 있는 세계의 전체적인 윤곽을 파악할 수 있는 교양을 갖게 된다.

구석기인은 채집과 사냥으로 식량을 획득하였으나, 신석기 초기에는 식량이 부족하게 되었다. 그 원인은 빙하기가 끝나고 기후가 따뜻해지자 추운 기후에서 살던 대형 동물들이 죽거나 다른 지역으로 이주하였고, 인구 증가와 사냥기술의 발달로 지나치게 많은 동물을 죽여서 사냥할 동물의 수가 감소하였기 때문이었다.

그 이후로 사람은 야생식물을 채집, 야생동물을 사냥함과 동시에 농경(agriculture)을 시도하여 식량을 얻고자 노력하게 되었다.[2] 농경의 장점은 여러 가지가 있으나[3] 첫째, 단위면적당 토지 생산성이 높은 것을 들 수 있다. 예를 들면 한 사람이 수렵과 채집으로만 살려면 20㎢의 땅이 필요하지만 이 면적에서 농경을 하면 6,000명이 충분히 먹고 살 수 있는 식품을 생산할 수 있었다.[4] 둘째, 식량획득에 대한 예측이 가능하여 안정적인 식량의 공급이 가능하게 되었다. 셋째, 구석기 시대부터 야생곡류를 이용하면서 농경을 위한 제반조건이 준비되어 있었다.

농경은 여러 장점이 있는 반면 단점도 있었다. 구석기인은 신선한 과일과 채소, 그리고 약간의 고기와 신선한 생선을 먹었으므로 건강한 편이었다. 그러나 초기 농경민들은 자신들이 재배하는 제한된 종류의 식품에만 의존하여 식품의 다양성이 부족하게 되었고[5], 증가한 인구에 비해 식량이 부족했으므로 수렵 · 채집인들보다 영양상태가 좋지 않았다.[2]

BC 50만 년 전부터 사람은 불과 도구를 사용하기 시작하였으나, 여전히 모든 사람이 수렵과 채집으로 생활을 하였고 BC 1만년경의 세계 인구는 그림 1-1과 같이

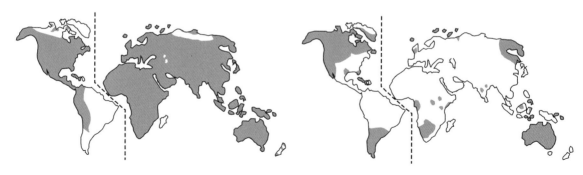

약 만 년 전(세계 인구: 500만 명) 약 오천 년 전(세계 인구: 6600만 명)

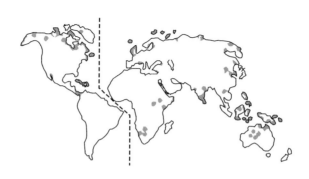

2015년(세계 인구: 약 71.3억 명)

그림 1-1 사냥 수집가의 분포[12]

500만 명에 불과했다. 농경이 시작되면서 BC 5,000년에는 인구가 6,600만 명으로 증가하였고[12], 2015년 9월 현재 세계 인구는 약 71억 3천만 명에 이르고 있다.[6] 오늘날에도 수렵과 채집으로 생활을 하는 사람들이 있으나 약 25만명 이하로[7] 매우 적은 수이다. 농경을 시작하고 1만 2천년 만에 세계 인구가 71억 명으로 증가하였으니 농경의 역할이 인류의 생존과 수적 증가에 얼마나 중요한 역할을 했는지 알수 있다. 그러므로 차이드(V. Gordon Childe, 1951)는 농경의 시작을 신석기 혁명이라고 하였다.

세계의 신석기 문화는 중동부터 중국 중원까지의 농경문화권, 중앙아시아의 목축문화권, 북유라시아부터 일본까지의 어로문화권으로 구분한다.[8] 어로문화권이란 어로가 중요한 생계수단이 되어 농경의 시작 이전에도 정착생활을 가능케 된 문화권으로 한반도도 이에 포함된다.[9,10]

농경을 시작하면서 야생동물도 가축화하였는데 이는 작물을 재배해야 했고, 재배한 작물을 먹으려고 오는 야생동물을 막기 위해 사냥을 가는 것이 어려워졌기 때문이었다. 최초로 늑대를 길들여 개로 가축화하였으며 여러 참고자료를[11~15] 통해 가축화의 역사를 표 1-1과 같이 정리할 수 있다.

표 1-1 **가축화의 역사**

연대	동물	가축화 지역
BC 10,000[2,12] 또는 BC 10,000 이전	개(늑대)	서아시아 유적, 남미, 북서유럽[12]
BC 8000-7000[12], BC 8000[2,14]	양과 산양	서아시아 요르단계곡의 여리고[12]
BC 6500[15], BC 7000[14], BC 8000[2]	멧돼지	이라크, 중국[15]
BC 6200[7], BC 7000[14], BC 6000[2]	소	터키, 유적지
BC 5000~BC 4000[16,17]	라마	페루 주닌 유적지[16,17]
BC 4000[7] 또는 BC 3000[14]	말	우크라이나
BC 4000[2], BC 3000[14], BC 2500[12]	당나귀	이집트
BC 2600[12], BC 2500[2]	낙타	이라크의 샤리속타 유적지[12]
BC 2500[13,18] 또는 BC 2000[14]	닭	인더스문명[11,13]

최초로 식물을 재배한 지역에서는 수천 년의 시간이 흘러 문화가 축적되며 문명이 발생하게 되었다(표 1-2). BC 7,000년경에 보리와 밀을 재배한 이라크와 터키 등의 메소포타미아 지역에서는 4천년이 지난 BC 3,000년경에 메소포타미아 문명이 발생하였다. BC 5,000년경[4] 벼를 재배화한 중국에서는 3000년이 지난 BC 1,750년경에 황허문명이 발생하였고, BC 4,000년경[4,18] 벼를 재배화한 인도에서는 1500년이 지난 BC 2,500년경에 인더스문명이 발생하였다. BC 5,000년경에[17,19,20] 옥수수를 재배화한 멕시코 지역에서는 4천년이 지난 BC 1,200년경에 올멕문명이[19] 발생하였고, BC 4,000~BC 3,000년경에[17,21] 감자를 재배화한 지역인 중앙 안데스의 티티카카 호수지역에서는[21,22] 4천년이 지난 AD 1,100년경에 잉카문명이 발생하였다.

표 1-2 **최초의 작물 재배화와 문명**

재배화 시기[4]	작물	재배화 지역	문명	문명의 발생기[18]	요리권
BC 7,000	보리, 밀	이라크와 터키의 자그로스 산악지대	메소 포타미아	BC 3,000~BC 2,900	중동, 유럽
BC 5,000	벼	중국 절강성 하모도촌[18]	황허	BC 1,750~BC 1,100	중국
BC 4,000		인도	인더스	BC 2,500~BC 1,800	인도
BC 5,000[17,19,20]	옥수수	멕시코	올멕	BC 1,200~BC 400	-
BC 4,000~ BC 3,000[17,21]	감자	중앙안데스 티티카카 호수지역	잉카	AD 1,100-1,532	
BC 2,500[23]	고구마	중앙안데스 중남부 고지대			

고대 문명의 발생지를 근거로 중국 요리권, 인도 요리권, 중동 요리권이 형성되었고 중동의 농업 기술을 도입한 유럽에 유럽 요리권도 형성되었다. 문명은 사라져도 문화는 계속된다는 말이 있듯이 고대 문명은 멸망했지만 각 문명의 후손들은 조상들이 재배했던 밀, 벼, 옥수수, 감자 등을 주요 식품으로 이용하는 생활방식을 지금까지도 유지하고 있다.

2. 식문화 형성조건

어떤 지역에서 사람이 성장하면서 배우는 먹는 것과 관련된 생활방식인 식문화는 자연 환경과 사회 및 기술의 발달에 따라 형성되어 왔다.

1) 자연 환경
여러 자연의 영향 중 기후와 지형, 토양은 식문화 형성에 큰 영향을 주었다.

(1) 기후와 지형
열대지역의 사바나 기후에서는 잡곡농경문화가 형성되었고, 동남아시아의 열

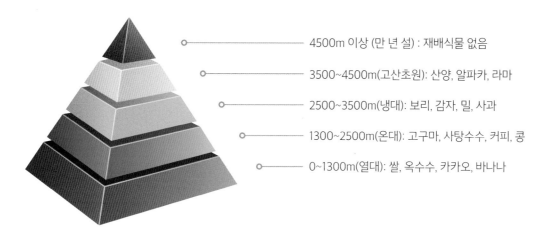

4500m 이상 (만 년 설) : 재배식물 없음

3500~4500m(고산초원): 산양, 알파카, 라마

2500~3500m(냉대): 보리, 감자, 밀, 사과

1300~2500m(온대): 고구마, 사탕수수, 커피, 콩

0~1300m(열대): 쌀, 옥수수, 카카오, 바나나

그림 1-2 **콜롬비아의 고도별 식물분포**[24)]

대 우림지역에서는 근재 농경문화가 형성되었다. 지중해는 겨울에 온난 습윤하고
여름에 고온 건조하여 맥류 문화권을 형성하였다.

　남아메리카의 안데스 산맥은 고도에 따라 기후가 열대→온대→냉대→만년설
과 같이 형성되어 다양한 작물이 재배되었다. 그림 1-2에서 볼 수 있듯이 적도 인
근 콜롬비아의 열대 기후 지대인 해발 1,300m 이하에서는 쌀, 옥수수, 카카오, 바
나나 등을 재배하고, 온대기후인 1,300-2,500m에서는 고구마, 사탕수수, 커피, 콩
등을 재배한다. 2,500~3,500m에서는 냉대 기후에 적합한 보리, 감자, 밀, 사과 등
을 재배하고, 고산초원이 형성되어 있는 3,500~4,500m에서는 작물의 재배가 어
려워 산양, 알파카, 라마 등을 기르고 있다.[24)]

(2) 토양

　한국은 양의 목축을 거의 하지 않으며 양고기도 거의 먹지 않는다. 그 이유는
토양에 수분이 많아 건조한 지역을 좋아하는 양을 기르는 데 적합하지 않았기 때
문이다. 이와 같이 비슷한 기후라도 토양 특성에 따라 식문화가 달라 질 수 있다.

2) 사회

　종교, 역사, 사회의 변화, 경제 수준 등에 의해서도 독특한 식문화는 형성되었다.

(1) 종교

금기에는 임신기의 금기처럼 일시적인 금기, 항상 적용되는 영구적 금기, 성이나 나이, 계급, 종교에 따른 범주적 금기가 있다. 금기는 일반적으로 고기에 대한 것이 많은데 이는 고기가 맛이 있지만 동물이 운반이나 농사에 중요한 존재이므로 아끼기 위해서 형성되었다. 종교별 금기 식품은 표 1-3과 같이 유대교와 이슬람교는 돼지고기를, 힌두교는 소고기, 불교는 전반적으로 고기를 금지한다.

표 1-3 종교별 금기 식품

종교	금기 식품
유대교	피, 피가 섞인 고기, 돼지고기
이슬람교	돼지고기
힌두교	소고기
불교	전반적인 고기류

일본은 불교를 공인한 이후 고기 먹는 것을 금지하여 어패류 위주의 식문화를 형성해왔고, 차를 주로 마신다. 반면 불교를 숭상하던 고려를 멸망시킨 조선이 불교 억압 정책을 채택했었기 때문에 오늘날 한국인은 일본인보다 차를 많이 마시지 않는다.

(2) 역사

콜럼버스가 신대륙을 발견한 이후 신대륙의 작물이 유럽과 전 세계에 전파되었고 유럽의 작물과 동물은 신대륙에 전파되어 인류의 식문화에 큰 변화를 일으켰다. 그리고 프랑스의 앙리 2세와 이태리의 캐더린 공주와의 결혼도 프랑스 요리의 발전에 전환점이 되었다.

또한 고려는 고려 말에 원나라의 침입을 받아 다시 육식을 하게 되었다. 불교의 영향으로 고기를 금지하던 일본도 메이지 유신 이후의 국가의 장려로 고기를 다시 먹게 되었다.

(3) 사회의 변화

과거 농경 시대에는 하루 두 끼를 먹는 것이 일반적이었으나 점차 지식의 이용이 많아지면서 사람은 세 끼의 식사를 하게 되었다. 그리고 도시화, 정보화가 이루어지고 경제수준이 높아지면서 편리한 음식을 선호하게 되었으며 가공식품, 배달음식, 외식 등의 인기도가 높아지게 되었다.

(4) 경제수준

경제수준이 높아질수록 동물성 단백질의 공급 비율이 증가하는 추세이다. 표 1-4에서 한국인의 1인 1일 동물성 단백질의 공급비율을 보면 1인당 국민소득(GNI)이 254달러였던 1970년에는 단백질의 16.3%가 동물성 식품에서 공급되었다. 이에 반해 계속되는 소득증가와 함께 2013년에는 총 단백질 공급량의 50.9%가 동물성 단백질이었다.

3) 기술의 발달

(1) 토기의 제작기술

구석기시대에는 구이 요리 중심이었으나, 토기를 만든 이후 찌기, 삶기, 튀기기 등의 다양한 조리법을 사용하게 되었다.

표 1-4 한국인의 1인 1일 연도별 단백질 공급량과 구성비[25~28]

연도	1970년	1980	1990	2000	2004	2008[27]	2013[28]
총단백질 공급량, g(A)	65.1	73.6	89.4	97.1	99.2	97.4	99.2
동물성 단백질, g(B)	10.6	20.1	33.2	41.2	46.5	46.7	50.5
식물성 단백질, g(C)	54.5	53.5	56.2	55.9	52.7	50.8	48.7
B/A(%)	16.3	27.4	37.1	42.4	46.9	47.9	50.9
C/A(%)	83.7	72.6	62.9	57.6	53.1	50.2	49.1
1인당 GNI($)[26]	254	1645	6147	10841	14193	19.231	25,920

(2) 제분기술

그림 1-3~그림 1-8과 같이 제분기술은 갈돌, 절구, 디딜방아, 연자방아, 물레방아, 전기 제분기의 순서로 발달하였다. 제분기술이 발달하기 전에는 곡식으로 죽을 끓여먹었으나 발달 이후에는 가루를 만들어 빵, 면류, 만두 등을 만들어 먹게 되었다.[5]

그림 1-3 갈돌과 갈판
자료 : 국립중앙박물관, 촬영 : 정성연

그림 1-4 절구
자료 : 쌀박물관, 촬영 : 정윤희

그림 1-5 디딜방아
자료 : 산촌박물관, 촬영 : 정소정

그림 1-6 연자방아
자료 : 막국수박물관, 촬영 : 정아람

그림 1-7 물레방아
출처 : 메트로폴리탄 예술박물관(www.metmuseum.org)

그림 1-8 전기 제분기
자료 : 막국수박물관, 촬영 : 정아람

(3) 냉장 · 냉동 기술

냉장 · 냉동 기술의 도입으로 인해 아르헨티나, 미국, 호주, 뉴질랜드에서 기른 가축의 고기를 싼값에 수입해 올 수 있게 되어 1810년대 유럽인들의 고기섭취량이 증가했다.[29]

(4) 농업기술과 해양운송기술

이앙법을 도입하고 관개시설을 건축한 이후 농업생산량이 증가하여 식생활이 안정되어 식문화가 발달하게 되었다. 해양운송기술의 발달로 신대륙의 한대 적응성 작물인 감자가 유럽에 도입되면서 불모지에 감자를 재배하게 되어 유럽의 식량난이 해결되었고[1] 유럽인들이 감자를 많이 먹는 식문화를 갖게 되었다. 또 증기기관에 의한 운송기술의 발달로 미국에서 많은 곡식을 유럽으로 실어올 수 있었다.

chapter 2

세계 음식문화

1. 세계음식 문화에 대한 이해의 필요성

사람은 여러 가지 이유로 이주하면서 살아왔고 오늘날도 여전히 이주하고 있으며 이주한 지역의 새로운 장소에서 구할 수 있는 식품들을 접하면서 전통적으로 먹어왔던 미각과 조리법을 서서히 포기하며 새로운 식품과 미각에 적응하게 되었다.[1)]

그림 2-1에서 볼 수 있듯이 한국으로 이주해오는 등록 외국인 수는 매년 증가하고 있다. 1992년 등록 외국인수는 65,673명이었으나 2005년 485,477명으로 크게 증가하였고, 2013년 985,923명(남자: 562,695명, 여자: 423,228명)으로 2005년에 비해 두 배 증가하여 약 백만 명의 외국인 주민이 한국에 거주하고 있으며[31)] 2013년 총 인구 50,220,000명의[32)] 약 1.96%를 차지하였다.

표 2-1을 보면 국제결혼이 2001년 14,523건에서 2010년 26,274건으로 증가한 후 2014년 16,152건으로 감소했지만, 전체 결혼 건수의 7.6%를 차지하였다. 한국 남자의 국제결혼이 여자에 비해 훨씬 많았으며 남자는 중국, 베트남, 필리핀, 일본여자와 주로 결혼하였고, 여자는 미국, 중국, 일본, 캐나다 남자와 주로 혼인하였다.[32)]

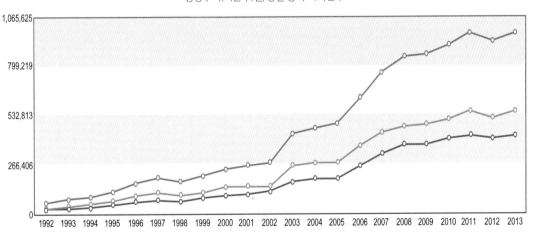

그림 2-1 등록 외국인 수(파란선: 총 등록 외국인수. 노란선: 남자, 갈색선: 여자)[31)]

표 2-1 국가별 국제결혼 건수[32]   (단위: 건)

구 분	2001	2005	2010	2014
총 결혼[33]	318,407	314,304	326,104	305,507
국제결혼 총 건수	14,523	42,356	34,235	23,316
구성비(%)	4.0	13.5	10.5	7.6
한국 남자 + 외국 여자	9,684	30,719	26,274	16,152
- 중국	6,977	20,582	9,623	5,485
- 베트남	134	5,822	9,623	4,743
- 필리핀	502	980	1,906	1,130
- 일본	701	883	1,193	1,345
한국 여자 + 외국 남자	4,839	11,637	7,961	7,164
- 일본	2,664	3,423	2,090	1,176
- 중국	222	5,037	2,293	1,579
- 미국	1,113	1,392	1,516	1,748
- 캐나다	164	283	403	481

자료 : [32] e나라지표 http://www.index.go.kr, accessed 2015. 8.11.
　　　[33] 국가통계포털, 인구동태건수, www.kosis.kr, accessed 2015. 8.11.

　다문화 사회에 진입한 한국이 계속적으로 발전하려면, 여러 문화권에서 한국에 이주한 외국인 주민에 대한 이해가 선행되어야 한다. 몽고족이 세운 원나라는, 중국의 대표 민족인 한족을 배타하고, 한족과 융합하지 못해서 103년 만에 망했다. 반면에 청나라를 세운 만주족은 한족의 문화와 융합하려는 노력을 통해 260년간 중국을 지배했었던 것을[34] 거울로 삼아야 할 것이다.

　유태인이나 이슬람교도들처럼 일부 이민자들은 본국의 문화를 고수하는 이들이 있는 반면, 다른 이들은 자신 본국문화를 포기한다. 삼세 대 사세대가 되면서 문화의 융합이 일어났지만, 부유해지고 여유가 생기면서부터 과거 조상의 관습에 대한 향수를 떠올린다. 문화적 유산은 우리의 삶에 정체성을 주고 긍지와 위엄, 삶의 목적을 제공한다. 현재의 생존을 위해 문학이나 예술, 철학 등을 고려하지 않지만, 삶에 여유가 생기면서 이들이 필요함을 인식하기 때문이다. 이와 같이 식품은 생존 수단 이상의 의미를 갖고 있다. 즉 식품은 즐거움과 안락함, 안전함의 근원이며 환대의 상징이며 사회적 위치의 상징이고 의식절차에서도 중요하다. 그러므로 식품은 향수를 불러일으키며, 자신이 누구인지를 보여주는 상징이기도 하다.[1]

따라서 모든 사람이 나와 같은 음식을 먹어야 한다고 생각하는 것이나 특정한 음식들만이 올바른(right) 음식이라고 주장하는 것은 잘못된 것이다. 다양한 민족과 국가에서 이주해 온 사람들이 있다는 것은 다양한 문화가 상호 존재함을 의미한다. 특히 한국인과의 결혼비율이 높은 중국, 베트남, 필리핀, 일본, 미국의 식문화를 포함하여 다양한 문화를 이해하는 것은 교육, 의학, 사회복지, 보건, 영양, 식품공급 사업과 인적자원을 관리하는 분야에 필요하며, 각 나라의 역사와 사회문화적 배경을 아는 것은 그들의 식문화를 이해하는 데 도움이 된다.[1] 그리고 식문화의 역사와 다른 지역의 식문화를 공부하면서, 잘못된 것을 다시 반복하지 않을 수 있으며, 더 나은 미래를 계획할 수 있다.

2. 세계의 주식

구대륙과 신대륙간의 작물의 이동이 시작되기 직전인 15세기 말경의 세계의 주식 문화권(그림 2-2)은 밀, 잡곡(수수, 조, 옥수수), 쌀, 근재류(감자, 타로, 얌, 카사바), 젖 문화권으로 분류되었다.[35] 주식으로 이용되는 작물의 특징은 담백한 맛의 탄수화물 식품으로서 대량 수확이 가능하고 조리·가공이 간편하고 보관과 운반이 쉬운 것들이다.[36]

옥수수는 원산지인 멕시코 주변 아메리카 대륙에서 주로 재배되고 잡곡 문화권을 형성했었다. 쌀은 원산지인 인도와 중국을 중심으로 아시아에서 주로 재배되어 쌀 문화권을 형성했었다. 밀은 원산지인 근동아시아 지방을 중심으로 유럽, 북부 아프리카지역에서 주로 재배되어 밀문화권을 형성했었다. 서류는 태평양 섬지역과 남아메리카에서 주로 재배되어 근재문화권을 형성했었다.

그 시기에 가축화되어 있던 동물을 표 2-2에서 보면 북아메리카는 개와 칠면

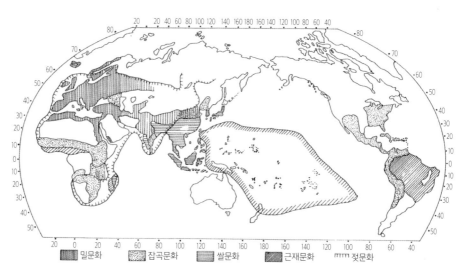

그림 2-2 15세기 말경의 세계의 주식 문화권[35]

조, 머스코비 오리, 토끼, 꿀벌, 연지벌레[20]를, 남아메리카는 개, 라마, 알파카, 머스코비 오리, 기니픽[37]을, 남아프리카는 당나귀, 고양이, 뿔닭(guinea hens)이 있었다. 호주에는 캥거루가 많고 아프리카에는 영양이 많지만 이들은 가축화되지 않았다. 이와 같이 가축화된 동물의 종류가 지역마다 다른 것은 기후, 천연자원, 기술, 문화가 서로 영향을 주어 생긴 결과이다.

1492년 콜럼버스의 신대륙 발견 이후 신대륙과 구대륙 간의 작물의 활발한 교류가 이루어지면서 옥수수, 쌀, 밀, 서류의 생산지역이 확대된 것을 볼 수 있다. 그림 2-3은 206개 국가에 대한 2006년 FAO 통계자료를 주로 이용하여 작성되었고 서류는 카사바, 감자, 고구마, 타로, 얌, 야유티아(yautia)가 포함되어 있다.[38]

표 2-2 15세기 말 신대륙의 가축화 현황[12]

지역	목축 동물
북아메리카	개, 칠면조, 머스코비 오리, 토끼, 꿀벌, 연지벌레[20]
남아메리카	개, 라마, 알파카, 머스코비 오리, 기니픽[37]
남부아프리카	당나귀, 고양이, 뿔닭
호주	-

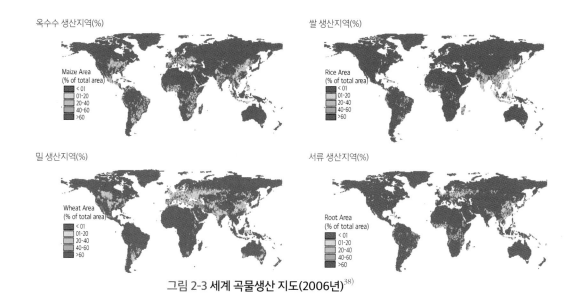

옥수수 생산지역(%)

Maize Area
(% of total area)
■ < 01
□ 01-20
□ 20-40
■ 40-60
■ >60

쌀 생산지역(%)

Rice Area
(% of total area)
■ < 01
□ 01-20
□ 20-40
■ 40-60
■ >60

밀 생산지역(%)

Wheat Area
(% of total area)
■ < 01
□ 01-20
□ 20-40
■ 40-60
■ >60

서류 생산지역(%)

Root Area
(% of total area)
■ < 01
□ 01-20
□ 20-40
■ 40-60
■ >60

그림 2-3 세계 곡물생산 지도(2006년)[38]

표 2-3과 같이 2009년 세계 주요 작물의 열량 섭취 비율은 쌀 18.9%, 밀 18.8%, 옥수수 5%, 감자 2.2%의 순서인 것을 볼 수 있다. 생산된 작물 가운데 귀리, 옥수수 등은 동물 사료나 다른 공산품(에탄올) 등에 이용되는데 비해 쌀의 식품 이용

표 2-3 세계 주요 작물의 열량 섭취 비율(2009년)[39]

	생산량 (million t)	식품이용량 (million t)	식품이용비율 (%)	열량(kcal)/ 인/일	열량 섭취 비율(%)/일
쌀	684.6	531.9	77.7	536	18.9
밀	686.6	439.4	64	532	18.8
옥수수	819.2	114.0	13.9	141	5
감자	332.1	217.3	65.4	61	2.2
조, 수수	83.0	47.2	56.9	59	2.1
고구마, 얌	150.9	81.0	53.7	33	1.2
보리, 호밀	169.9	12.0	70.6	13	0.5
귀리	23.2	3.6	15.5	3	0.1
소계				1,378	48.7
1일 총열량				2,831	2,831

표 2-4 18개 주요 작물의 재배지역과 재배비율(2002년)[40]

	재배면적(1000㎢)	상대비율(%)
밀	4028	22
옥수수	2271	13
쌀	1956	11
보리	1580	9
대두	927	5
두류(pulses)	794	4
목화	534	3
감자	501	3
수수	501	3
조	331	2
해바라기	290	2
호밀	288	2
유채씨/캐놀라	283	2
사탕수수	265	1
땅콩	247	1
카사바	235	1
사탕무	154	1
oil palm fruit	72	<1
18개 작물의 소계	15,256	85
기타	2664	15
총계	17,920	100

비율은 78%로 가장 높았다. 인류는 다른 음식물이 풍부해진 현대에도 쌀, 밀, 옥수수와 조, 수수, 보리, 호밀 등의 잡곡과 감자와 고구마 등의 서류를 주요 식품으로 이용함을 알 수 있다.[39]

표 2-4와 같이 2002년 지구의 작물 경작지 가운데 가장 높은 비율을 차지하는 식품은 밀 22%, 잡곡(옥수수 13%, 보리 9%, 수수 3%, 조 2%), 쌀 11%, 서류(감자

표 2-5 위도에 따른 작물의 재배지역[40]

위도 / 작물		호밀	보리	밀	쌀, 수수, 조	옥수수	감자	카사바
북위	70			↑			↑	
				|			|	
	60	↑	↑	⇑			⇑	
		↓	⇑	⇑			⇑	
	50		|	|		⇑	|	
	40		|		↑	⇑	|	
			↓		⇑	|		
	30				⇑	|		
	20				⇑		↓	↑
					⇑	⇑		
	10				⇑	⇑		|
적도					|			⇑
남위	10			↓	|	|		|
	20				|	|		|
	30		↑	↑	|	|		↓
			↓	⇑	|	|		
	40			⇑	|	↓		

⇑ : 집중재배지역, ↑ : 재배지역.
참고문헌 40)자료를 기초로 저자가 재편집함.

3%, 카사바 1%)이었다.

표 2-5에서[40] 위도에 따른 작물의 지역을 볼 수 있다. 호밀은 북위 50°~60°의 추운 지역에서 특히 55°지역에서 많이 재배된다. 보리는 북위 30°~65°와 남위 30°~40°에서 재배되며 특히 55°~65°에서 집중 재배된다.

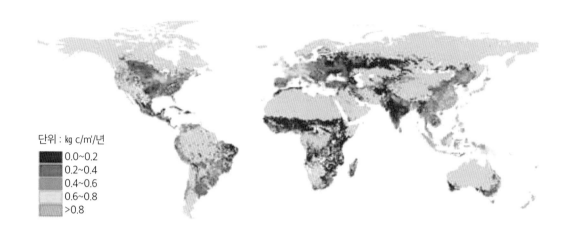

단위 : kg c/m²/년
0.0~0.2
0.2~0.4
0.4~0.6
0.6~0.8
>0.8

그림 2-4 **총 작물 생산 비율(Crop Net Primary Production)**[38]

밀은 북위 20°~75°, 남위 25°~45°에서 재배되며 북위 50°~60°와 남위 30°~40°에서 집중재배 되고 있으며 더운 적도지역보다 기온이 차가운 지역에서 주로 생산됨을 알 수 있다.[40] 지중해성 기후는 겨울에 서늘하고 습도가 높으므로 지중해 연안의 지역은 주로 겨울에 밀과 보리를 재배한다.[38]

쌀과 수수, 조는 남위 10°~ 북위 40°의 열대와 아열대, 온대 지역에서 재배되며 북위 10°~ 북위 35°에서 집중 재배된다.

옥수수는 남위 45°~북위 50°에서 재배되고 특히 북위 10°~20°와 40°~50°에서 집중 재배되고 있다.

서류는 곡류보다 재배 면적이 작지만 중요한 주식으로 감자와 카사바가 주로 재배되고 있다. 감자는 북위 20°~75°에서 재배되고 특히 50°~60°의 추운 지역에서 집중 재배되고 카사바는 적도 주변 남위 30°~북위 20°의 더운 지역에서 재배되며 남위 5° 부근의 열대지역에서 가장 많이 재배된다.[40]

작물의 생산에 중요한 위도와 기온, 농업용수의 공급과 같은 자연환경은 쉽게 변화되지 않고 작물의 유형이 지속되므로 각 지역별로 재배되는 식품을 중심으로 인간은 주식을 선택하여 왔다.

그림 2-4에서 총 작물 생산 비율(Crop NPP)이 가장 높은 4개 지역으로 서유럽, 동아시아(일본, 한국, 중국), 미국 중부, 브라질 남부와 아르헨티나 북부를 볼 수

표 2-6 주식인 농산물의 생산국 순위(2012년)[41]

순위	쌀	밀	옥수수	감자	보리
1위	*중국	중국	미국	중국	러시아
2위	*인도	인도	중국	인도	프랑스
3위	인도네시아	미국	브라질	러시아[42]	독일
4위	방글라데시	프랑스	*멕시코	우크레이나[42]	오스트레일리아
5위	베트남	러시아[42]	아르헨티나	미국	캐나다
6위	태국	오스트레일리아	인도	독일	*터키
7위	미얀마	캐나다	인도네시아	폴란드	우크레이나[42]
8위	필리핀	파키스탄	프랑스	방글라데시[42]	스페인
9위	브라질	독일	남아프리카공화국	네덜란드	영국
10위	일본	*터키[42]	캐나다	프랑스	아르헨티나
11위	파키스탄	우크레이나[42]	나이지리아	이란	미국
12위	캄보디아	*이란	이집트	터키	폴란드
13위	미국	영국	이탈리아	캐나다	덴마크
14위	이집트	카자흐스탄[42]	필리핀	영국	*이란
15위	한국	폴란드	루마니아	이집트	중국

* : 해당 농산물의 원산지
[41] 국가통계포털, http://kosis.kr/wnsearch/totalSearch.jsp, 2014 국제통계연감
[42] http://faostat3.fao.org, accessed 2015. 7.23

있다.[38] 그리고 작물의 재배가 어려운 몽골이나 사막지역은 목축이나 사냥을 통한 고기와 유제품을 중심으로 식품을 공급하고 있다.

2012년 주요 작물의 생산국 순위는 표 2-6과 같다. 쌀 생산국 중 1위는 중국, 2위 인도, 3위 인도네시아, 한국은 15위이었다. 중국은 밀과 감자의 생산량도 1위이었고, 보리는 러시아, 옥수수는 미국이 생산량 1위이었다. 쌀의 원산지인 중국, 인도, 밀과 보리의 원산지인 터키와 이란, 옥수수의 원산지 멕시코가 세계 15위 생산국에 들어 있으며, 감자의 원산지인 페루는 16위이었다.

3. 세계인의 열량 섭취량

표 2-7에서 보이듯이 2005/2007년 선진국의 열량 섭취량은 3,360kcal, 개발도 상국은 2,619kcal로 선진국이 더 높았고 세계인의 평균 열량 섭취량은 1969/1971 년 2,373kcal에서 2005/2007년 2,772kcal로 계속 증가해 왔다.[43] 식물성 기름의 섭 취량은 1969/1971년의 1인당 7kg/년에서 2005/2007년의 12kg으로 증가하였으 며[43] 이 중 종실류는 열량이 높기 때문에 개발도상국에서 열량 섭취 증가에 중 요한 역할을 해왔다. 종실류는 직접 먹거나 기름을 짜서 이용하는데 세계 종실

표 2-7 세계의 식품 섭취량과 평균열량 섭취량의 변화[43]

	1969/1971	1979/1981	1989/1991	2005/2007
전 세계				
식품섭취량(kg/인/년)				
곡류, 식품	144	153	161	158
곡류, 모든 용도	304	325	321	314
서류	84	74	66	68
설탕과 설탕 작물	22	23	22	22
말린 두류	7.6	6.5	6.2	6.1
식물성유, 종실류와 그 제품	7	8	10	12
육류	26	30	33	39
우유와 유제품(버터제외)	76	77	77	83
기타식품(kcal/인/일)	194	206	239	294
총 식품(kcal/인/일)	2,373	2,497	2,633	2,772
개발도상국(kcal/인/일)	2,056	2,236	2,429	2,619
선진국(kcal/인/일)	3,138	3,222	3,288	3,360

비고 : 곡류는 맥주와 옥수수 감미료도 포함됨.
　　육류는 소, 양, 돼지, 가금류 포함.
　　식물성유는 미강유와 옥수수배아유는 포함하지 않음.

류 생산의 75%는 야자나무, 콩, 해바라기, 유채(rapeseed)가 차지하며, 이외에 올리브, 땅콩, 참깨, 코코넛도 중요하다. [44] 반면에 두류의 섭취가 감소되었는데 이것은 소비자의 기호 변화와 두류 생산 촉진의 실패 때문이다. 단백질이 풍부한 두류가 감소했지만 육류섭취가 증가되지 않는다면 식사의 질이 하락하는 문제가 발생한다. [43]

곡류는 여전히 열량의 주요 급원으로 이용되고 있으나 곡류의 열량 구성 비율은 1969/1971년에 비해 2005/2007년에 감소하고 상대적으로 육류와 유제품 같은 축산품과 식물성 기름의 열량 비율이 증가하는 양상으로 세계인의 식품 섭취 유형이 변화되고 있다. 그 원인의 일부는 개인 기호의 변화이고 일부분은 세계 식품무역의 증가와 패스트푸드 시장의 확대, 북아메리카와 유럽인의 식습관의 모방 때문이다. 또한 쉽게 사서 먹을 수 있는 빵이나 피자와 같은 편리함의 추구도 원인이다. [43]

이와 같이 세계인의 평균열량 섭취량은 증가하고 있는 반면, 2014년 세계인구의 1/9인 8억 명이 영양실조(undernutrition) 상태에 있었다. [45] 영양실조는 열량, 단백질, 필수 비타민과 무기질이 부족한 상태이며 FAO(The Food and Agriculture Organization)는 굶주린다는 것을 1,800kcal/일 이하를 섭취하는 것으로 정의하였다. 1,800kcal는 대부분의 사람이 건강하고 생산적인 삶을 살기위해 필요한 최소한의 열량인 [46] 기초대사량이다.

본 저서의 연구 대상 국가 중에서(표 2-8) 2014년 영양실조 인구가 5% 미만으로 매우 낮은 나라는 한국, 일본, 미국, 이태리, 멕시코이었고 2013년 1인당 GDP(국민소득) [47]는 약 1만 불~5만 불 수준이었다. 영양실조 인구가 대체적으로 낮은 (5~14.9%) 나라는 중국, 필리핀, 베트남, 페루이었고 1인당 GDP [47]는 약 1,900~7천불 수준이었다. 몽골은 영양실조 인구가 대체적으로 높은(15~24.9%) 나라이며 1인당 GDP [47]는 4,353달러이었다.

그림 2-5에서 영양실조 인구가 높은(25~34.9%) 나라는 아프리카의 차드, 우간다, 콩고공화국, 아시아의 타지키스탄, 예멘 등이었고, 영양실조 인구가 매우 높은(35% 이상) 나라는 북한, 아이티, 중앙아프리카 공화국, 에티오피아, 잠비아, 남리비아, 말라위 등이 있으며 북한은 아시아에서 유일하게 영양 실조 인구가 매우 높은 나라이다. [45]

그림 2-5 Hunger map 2014
출처 : www.ko.wpf.org, accessed 2015.12.10.[45]

　굶주림의 원인은 낮은 농업 생산성, 가난, 양성 불평등, 분쟁과 정치 불안, 불공
정무역, 기후 변화와 자연재해, 본국 송금액 감소를 들 수 있다. ① 가난한 농부는
종자, 기술, 비료, 농사도구가 부족하므로 농업 생산성이 낮다. ② 가난으로 전분
위주의 식사를 하게 되고 야채, 과일, 고기의 섭취가 부족하다. ③ 만성적 굶주림
인구의 60%이상이 여성이다. ④ 분쟁 시 파종과 수확이 어려워지고, 무장한 적군
들이 작물을 파괴하여 굶주림을 조장하여 무기로 삼는다. 또한 정치가 불안한 국
가들이 만성적 식품부족에 시달리는 경우가 많다. ⑤ 가난한 사람들은 자신들의
수확물과 생산품을 정당한 가격을 받지 못한 채 판매하게 된다. ⑥ 가뭄, 홍수, 토
양오염, 사막화가 일어난 지역에 굶주림이 많이 발생한다. ⑦ 2007년의 전 세계인
의 본국 송금액 총액은 공적 원조금(Official Development Assistance: ODA)의 60%
이상이었으나 세계적인 경제난과 실업증가로 인해 외국에서 번 돈을 본국의 가족

에게 송금하는 금액이 줄어들고 있다.[46]

소수의 거대 곡물회사(ADM, Cargill, Bunge)들이 세계 식량 시장의 80%를 장악하고 있기 때문에 세계 농산물의 생산과 유통이 중앙 집중화되어서 지역의 농업이 붕괴되고[55] 가난한 국가들의 식량안보가 더욱 위협받고 있으며, 정치적으로 악용되고 있다.[46]

식량안보를 위해 작물의 다양화는 중요하다. 기상조건의 악화, 해충의 피해, 자연재해가 발생해도 변화된 환경에서 생육 가능한 작물이 있다는 것은 식량부족을 완화시키기 때문이다. 곡물의 다양화가 가장 높은 지역은 안데스지역, 우루과이, Guinea만 주변의 아프리카, 나일 강 계곡, 우크라이나, 인도, 파키스탄, 중국 북부의 평야 등이다.[40]

4. 주식 문화권역별 열량 공급 식품

표 2-8에서 열량공급식품에 대하여 분석 대상 국가들을 선택한 이유는 다음과 같다.

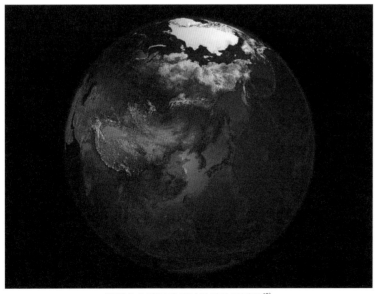

그림 2-6 한국과 동남아시아 국가들[49]

쌀을 주식으로 하는 국가 중에서 한국과 역사적으로 밀접한 관련이 있는 일본, 중국, 한국과 가깝고 한국 남성과 국제결혼비율이 높은 필리핀, 베트남을 선택하였다. 옥수수의 원산지인 멕시코와, 감자의 원산지인 페루, 밀을 많이 먹는 국가 중 이태리와 미국을, 유목국가 중 몽골을 선택하였다. 이들 국가들의 2011~2013년의 1인 1일 열량공급 식품을 표 2-8에 집계하였다. FAO 식품수급 통계 자료[50] 중에서 본문과 관련이 있는 식품들을 집중적으로 보기위해 표를 작성하였으므로, 열량 제공 식품 중 표에 제시되지 않은 식품들이 있다.

쌀의 열량공급이 가장 높은 나라의 순서는 베트남, 필리핀, 중국, 한국, 일본이었고 식품 중 쌀이 가장 많은 열량을 제공하고 있으므로 여전히 쌀 문화권으로 분류할 수 있다. 한국은 옥수수 열량공급량이 쌀 문화권인 다른 나라에 비해 매우 높은 편이다. 일본은 이들 5개 국가 중 어패류의 공급열량이 가장 높은 반면에 육류의 열량공급량은 가장 적었다. 이것은 메이지유신 이전의 오랜 육식금지의 전통 때문일 것으로 추정된다.

멕시코는 옥수수의 공급열량이 986kcal로 다른 나라에 비해 현저히 많아서 옥수수가 여전히 주식으로 이용되고 있음을 볼 수 있다. 옥수수의 부족한 영양성분인 니아신(niacin)을 보완하는 두류의 공급열량이 119kcal로 표 2-8에 집계된 국가 중 가장 많은 것을 볼 수 있다. 설탕류의 공급이 458kcal로 매우 높은 편이며, 이는 멕시코의 학교에서 가당 음료수의 판촉이 진행되는 것과 관계가 있다. 학교에서의 가당 음료수 판매는 멕시코의 빠른 비만 율의 증가에 크게 영향을 주며 특히 이들 음료가 규제 없이 공격적으로 할인 판매되는 원주민 학교 지역에서 더욱 비만율이 높아지고 있다.[46]

페루는 감자와 카사바 등의 서류를 통한 공급열량이 385kcal로 비교 국가 중 가장 많으므로 과거에 서류를 주로 섭취했던 국가이었음을 확인할 수 있다. 그러나 스페인의 점령 이후 유럽에서 도입된 쌀과 밀의 재배를 통하여 더 많은 열량이 쌀과 밀에서 공급되고 있다(쌀 519kcal, 밀 355kcal). 특히 쌀의 공급열량은 쌀이 주식인 일본과 비슷한 수치로 페루의 주식이 쌀로 변화되었음을 알 수 있으며 옥수수의 공급열량은 185kcal로 멕시코 다음으로 많이 공급되고 있다. 과일의 공급열량(192kcal)이 비교 국가 중 가장 많고 이 중 98kcal가 비타민 A가 풍부한 플란테인(platains)에서 공급되고 있다. 페루의 총 열량 중 동물성 식품을 통한 열량은 307kcal, 총 열량의 11.3%로서 비교 국가 중 가장 동물성 식품의 비율이 낮게 나타났다.

이탈리아는 총 열량 3,539kcal 중 약 29%가 밀(1,033kcal)로 공급되며 비교 국가 중 밀의 열량 공급량이 가장 많아서 밀이 주식인 국가임을 알 수 있다. 식물성 유지의 열량 공급(667kcal)이 비교 국가 중 가장 많으며 그 중 42%가 올리브유(282kcal)에서 공급되었고, 견과류(53kcal)는 표 2-8에서 비교되는 국가 중 가장 많은 열량을 공급하고 있다. 채소류(92kcal)는 일본, 필리핀, 미국보다도 높은 양이다. 과일의 공급열량(162kcal)은 페루 다음으로 높으며 오렌지와 감귤이(48kcal) 가장 많이 공급되는 과일이다. 포도주는 50kcal를 공급되고 있다. 이는 지중해식 식사가 전곡류, 채소, 과일, 올리브유, 생선을 주재료로 하는 것으로[48] 인해 나타나는 결과라 할 수 있으나 최근 어패류(48kcal)보다 육류(381kcal)와 우유로(287kcal)가 더 많이 공급되고 있음은 이탈리아인들의 식사가 변화되고 있음을 볼 수 있다.

미국은 총 열량이 3,639kcal로 표 2-8의 국가 중 가장 많은 열량이 공급되고 있다. 공급열량이 높은 식품은 식물성 유지류(701kcal), 밀(590kcal), 설탕류(569kcal), 육류(432kcal)이었고 식물성 유지류 중 대부분은 대두유(527kcal)이다. 세계보건기구가 유리당(free sugar)의 섭취열량을 하루 열량의 10% 이내로 제한하도록 권장하는 것을[54] 볼 때 설탕류는 공급열량의 15.6%로서 매우 높으며 미국인 비만증가의 원인으로 주목되고 있다. 그러나 그림 2-7과 같이 Food Facts에서 설탕류의 비율(%)을 기록하지 않게 되어 있어서 미국 국민들에게 올바른 식품정보를 제공하지 못하고 있다. 그 외에 동물성 식품 열량공급비율 27.3%(995kcal)은 몽골 다음으로 많고 우유류의 공급열량 373kcal(10.2%)도 비교 국가 중 가장 높다.

유목국가이고 젖 문화권이었던 몽골의 전체 총 공급열량 2,463kcal는 표 2-8의 비교 국가 중 가장 적으며 그림 2-5에서 국민의 영양 실조 비율이 대체적으로 높은 나라에 분류되어 있다. 공급식품 중 밀의 열량이 985kcal로 가장 많아서 주식이 밀로 변화되었음을 볼 수 있다. 총 공급열량 중 동물성 식품의 공급열량비율이 32.4%(797kcal)로서 비교 국가들에 비해 가장 높다. 특히 고기 17.5%(430kcal), 동물성 지방 3.7%(92kcal), 내장류 1.3%(32kcal)의 공급열량비율이 타국에 비해 가장 많고 그 중 우유류 9.5%(235kcal)는 미국 다음으로 많은 편이다. 고기 중 유목하는 양과 염소 고기의 비중이 크며

그림 2-7 미국 Food Facts 사진

표 2-8 1인 1일당 공급열량(Kcal/Day)[28,47,50]

	한국[28]	중국	일본	베트남	필리핀	멕시코	페루	이탈리아	미국	몽골
2013년 GDP($)[47]	25975	6959	38633	1902	2791	10661	6540	35814	52939	4353
Grand Total(Kcal)[50]	3113[28]	3108	2719	2745	2570	3072	2700	3539	3639	2463
연도[50]	2012[28]	2013	2011	2013	2013	2013	2013	2011	2011	2011
식물성 식품(Kcal)[50]	2607[28]	2385	2166	2170	2182	2443	2393	2624	2644	1666
동물성 식품(Kcal)[50]	506[28]	724	553	575	388	629	307	914	995	797
곡류	1453	1427	1051	1552	1469	1314	1105	1124	798	1054
밀	344	549	392	80	172	255	355	1033	590	985
쌀	790	805	576	1390	1174	59	519	54	77	51
보리	12	1	6		1	0	35	2	5	13
옥수수	281	54	72	82	120	986	185	32	93	0
호밀		1	0		0	0	0	1	2	4
귀리		1	0		1	4	0	1	21	0
조		5	0							0
수수		10	0						6	
기타 곡류	25	2	4	0	1	10	11	1	5	2
서류	27	154	60	43	83	30	385	67	99	102
카사바	0	6	0	22	64	0	127		0	5
감자	14	80	37	7	4	26	222	66	90	97
고구마	12	66	16	13	13	1	22	1	7	0
얌			3		0				0	
기타 서류		3	4		2	3	13		1	
설탕류	236	66	266	91	224	458	225	277	569	143
두류	115	12	16	28	14	119	81	45	30	5
견과류	17	18	11	15	8	10	2	53	8	18
종실류	10	97	110	121	20	25	51	13	72	3
식물성유지류	549	174	365	70	117	273	172	667	701	161
채소류	131	234	73	95	49	40	61	92	69	34
과일류(포도주 제외)	62	104	49	86	139	105	192	162	111	22
차(tea)		1	1	1	0	0	0	0	0	1

	한국[28]	중국	일본	베트남	필리핀	멕시코	페루	이탈리아	미국	몽골
육류	246	482	186	419	233	306	100	381	432	430
소고기	48	28	29	28	15	50	15	117	102	105
양&염소고기		17	1	1	2	5	4	8	3	293
돼지고기	118	369	93	344	174	134	23	175	123	1
닭고기	44	63	63	46	41	114	54	63	202	7
육류부산물	36	4	0	1	1	2	4	18	2	23
내장류		10	8	13	7	15	16	8	1	32
동물성 지방류	11	38	32	48	56	59	16	146	101	92
버터,기		2	12	4	3	10	3	44	41	6
크림		0	0	0	0	0	0	20	0	0
동물 생지방		36	10	44	53	48	13	82	59	86
계란류	39	76	75	15	16	66	31	45	53	7
우유류(버터 제외)	103	58	112	27	18	163	102	287	373	235
어패류	107	50	138	52	58	20	41	48	36	1
가공 해산물		10	2	0	0	0	0	0	0	0
바다동물, 기타		1	0	0	0	0	0	0	0	0
해조류	7	9	1	0	0	0	0	0	0	0

28): 한국농촌경제연구원, 식품수급표 2013, 2014(한국식품수급표와 FAO Food Balance Sheets의
한국자료가 일치하지 않아서 한국식품수급표 자료를 이용함)

47): International monetary Fund, World Economic Outlook Database, April 2015, accessed 2015. 6. 19

50): FAO, Food Balance Sheets , http://faostat3.fao.org/browse/FB/FBS/E, accessed 2015. 6. 4

유목용 동물이 아닌 돼지와 닭이나 계란을 통한 공급열량은 매우 낮은 편이다. 작물의 재배가 어려운 척박한 환경과 바다가 없는 내륙 국가이므로 채소류와 과일류, 어패류의 공급열량이 비교국가 중 가장 적다.

5. 주식별 음식과 요리방법

여러 자료를[35,51~53) 참고하여 주식으로 이용되는 식품들로 만든 음식과 요리방법을 표 2-9에 정리하였다.

표 2-9 주식별 음식과 요리방법

주식		음식형태	음식이름	해당국가	요리방법
쌀		밥	쌀밥	동남·동북아시아, 인도 동부	중국 동남부, 일본, 한국 등은 찰진 쌀밥을 선호하나 인도 서부는 선호하지 않음
			채로(chelow)	이란	끓는 쌀의 물 버리고 약한 불로 찐 것
			필라프(Pilaf)	인도서부, 이란, 터키, 파키스탄	버터오일, 야채, 허브, 너트, 고기국물, 쌀 볶고 물 넣어 지은 볶음밥
			플라우(Pullao)	인도	향신료 넣어 지은 볶음밥
			나시고렝	인도네시아, 말레이시아	계란, 새우, 야채를 넣은 볶은 밥으로 아침식사로 이용
		볶은쌀	츄라	인도	물에 불린 벼를 끓인 후 솥에서 벼 껍질이 갈라질 때까지 볶고 절구에서 찧어 납작하게 하고 겨 제거
		말린쌀	Parboiled rice		불린 쌀을 쪄서 말린 것
		압착미	찌우라	네팔	쌀을 말려 납작하게 누른 것
		쌀튀김	뿌런다라		향신료를 첨가하여 쌀을 튀긴 것
		쌀뻥튀기	거푸끼		쌀을 팽화시킨 것
		쌀국수	퍼(pho)	베트남	쌀가루를 불려서 팬에 얇게 펴 말리다가 마르면 가늘게 썬 것
		얇은빵	로티(roti)	인도	쌀가루에 물을 넣은 얇은 반죽을 팬에 구운 것
근재류	감자	죽	소파	페루잉카인	동결 건조감자인 츄뇨를 가루 내어 콩, 야채, 물 넣고 끓인다.
		구이	와따이야		뜨거운 돌 사이에 감자를 넣어 익힌다.
	타로·얌·카사바	구이, 찜	구이, 찜	동남아시아, 오세아니아	껍질 있는 상태로 굽거나 찐다.
		경단	바우고	야미족(대만)	썩힌(해독위해) 참마를 절구에 찧어 뭉쳐 참마 잎에 싸서 찐다.
			fufu(=foofoo)	서아프리카, 중앙아프리카	카사바,얌을 삶아서 나무절구에 찧어 점성이 생기게 한다.

표 2-9 **주식별 음식과 요리방법(계속)**

주식		음식형태		음식이름	해당국가	요리방법
맥 류	보 리 · 대 맥	보리볶음		츠안빠 (tsampa)	티벳	보리를 뜨거운 돌에 섞어 볶은 후 가루 낸다. 버터차나 물에 섞어 죽처럼 먹음
		보리빵		빵	유럽, 북미	보릿가루 반죽을 발효해 굽는다. (핀란드: ohrarieska)
	밀 · 소 맥	무 발 효	만 두 류	자오쯔, 바오쯔, 라비올리	중국, 이탈리아	밀가루 반죽을 얇게 밀어 성형한 후 속을 채워 찐다.
			면류	국수, 파스타		밀가루 반죽을 얇고 가늘게 썰어 끓는 물에 삶아 양념한다.
				고릴테홀	몽골	말린 고기로 육수내어 끓인 칼국수
			밀밥	쿠스쿠스 (cous-cous)	서아프리카	듀럼밀중 부셔지지 않은 단단한 작은 알갱이를 2~3번 찐다.
				부르골	아랍	밀 알갱이를 삶거나 데친 것
			구 운 것	차파티 (chapatti)	인도, 파키스탄	밀가루 반죽에 올리브유를 바르고 겹쳐서 여러 겹을 만들고 철판에 구움
				로티(roti)	인도, 파키스탄	밀가루 반죽을 발효 없이 철판에 기름을 발라 구움
		발 효	빵	난(naan)	인도, 파키스탄, 이란	발효 상태의 밀가루 반죽을 탄두리(tandoor) 등에서 납작하게 굽는다.
				빵	유럽, 북미	밀가루 반죽을 발효시켜 오븐에 굽는다

표 2-9 주식별 음식과 요리방법(계속)

주식		음식형태	음식이름	해당국가	요리방법
잡곡	수수·조·테프	미음	쟉그	인도 화전민 Paria족	옥수수와 수수를 나무절구에 찧은 후 돌절구로 가루낸 후 물에 넣어 끓인 걸쭉한 죽
			미음	중부인도, 네팔	잡곡미음과 달(녹두+기이+카레 넣은 수프)을 함께 먹음
		경단	토우오, 잇싱크	아프리카 사바나지역	잡곡가루를 끓는 물에 끓여 농축시켜 딱딱한 경단을 만듦
			핏단	인도 화전민 Paria족	잡곡가루를 물로 반죽하여 큰 나뭇잎에 싸서 찐 경단
		빵	인제라(injera)	에티오피아	teff(수수) 가루 반죽을 얇고 넓게 구운 빵
	옥수수	옥수수죽	옥수수죽	멕시코, 중국, 페루	거친 옥수수가루를 물로 끓여 죽 만듦
		경단	우갈리(ugali)	동부아프리카	옥수수가루에 물을 넣고 익혀 덩어리로 뭉친 것
		찜	찐 옥수수	페루	익은 옥수수를 물에 불려 쪄서 한 알씩 먹는다.
		구이	구운 옥수수		덜 익은 옥수수를 굽는다.
		가루반죽 구운 것	또르띠야	멕시코	옥수수가루를 잘 반죽하여 납작하게 굽는다.
젖	낙타·소·말·염소·양	생젖	생젖	유목민	
		혼합유	스티짜이	몽골	물+차+우유를 끓여 아침식사로 이용
			밀크티	아프리카 렌디레족	홍차+우유
			희석유		생유나 산유를 물로 희석하여 갈증이 날 때 마신다.
			혼혈유		우유와 피를 혼합한 것으로 낙타 캠프의 아침식사
		유가공품	산유	몽골	생유를 훈연 가공한 것
			살토스		말젖을 가열 응고시킨 후 다시 가열시켜 기름층만 걷어낸 것
			우름		우유를 가열하여 식힌 후 표면에 응고된 층(크림치즈 종류)
			아롤		증류주를 만든 우유의 찌꺼기를 건조시킨 것 (치즈 종류)
			타락		탈지우유를 발효시킨 것

| Teff [82] | 인제라 |
| 짜파티 | 우갈리 |

그림 2-8 아프리카의 teff, 우갈리, 인제라, 짜파티(촬영 : 박상억)

표 2-10 인도 로티레시피(10장 이상의 분량)

재료명	재료량	조리법
통밀가루	2C	밀가루에 설탕을 섞고, 물을 넣으면서 반죽한다.
백설탕	1tsp 이하	
물	적당량	
올리브유	적당량	반죽이 완성되면 반죽바닥에 올리브유를 바르고 반죽을 치대면서 올리브유가 골고루 섞이게 해준다.

반죽을 밀폐용기에 30분 이상 보관하여 글루텐의 형성을 기다린다.
반죽을 주먹의 절반 크기로 잘라서 밀대로 동글납작하게 민다.
프라이팬에 기름을 두르지 않은 채로 강한 불로 가열한 후, 중간불로 줄인 후, 로티반죽을 올려두고, 기포가 형성되면 반죽을 뒤집는다.
석쇠를 놓고 구워진 로티를 놓으면 기포가 형성되고 프라이팬으로 눌러서 공기를 뺀다.
완성된 로티의 한쪽에 기(ghee)를 발라서 보온되는 밀폐용기에 보관한다.

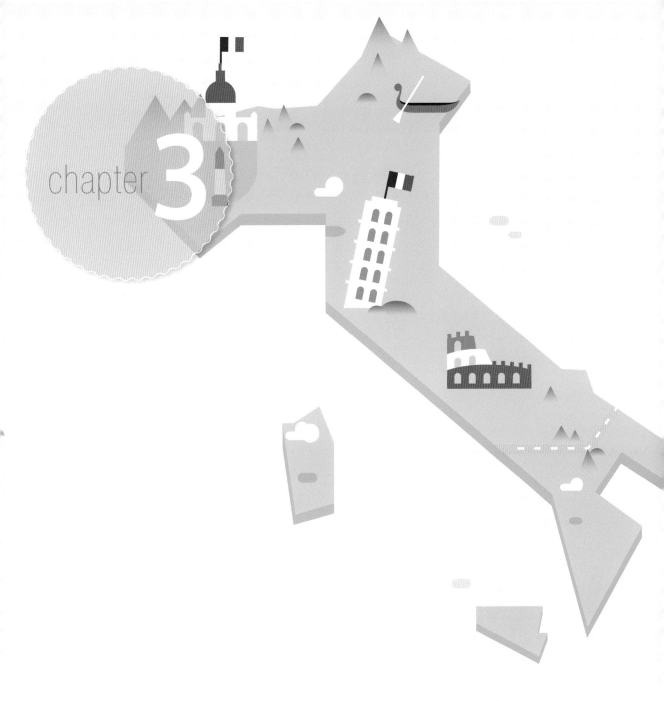

chapter 3

지중해와 이탈리아

출처 : CIA 홈페이지, https://www.cia.gov/library/publications/resources/the-world-factbook

지중해 연안의 여름은 건조하고 몹시 덥고, 겨울은 온난다습하다. 또한 연안의 산들은 대체로 바위가 많은 산이라 주변에 평야가 드물다. 연안으로 흘러나오는 강은 나일강을 제외하면 별로 없어서 토질이 척박하므로 농사나 목축이 어려워서 주로 올리브나 포도를 재배하고 양을 기른다.[61]

그래서 주민들은 일찍부터 해상무역을 시작하였으므로 상업중심의 도시들이 나타났고 이 도시들이 해상 통로로 연결되면서 하나의 지중해 세계가 형성되었다.[61] AD 1세기의 해상 수송비용이 육로에 비해 1/60이어서 밀라노에서 로마까지 밀을 운반해오는 것보다 이집트의 알렉산드리아에서 배로 수송하는 것이 더 저렴했으므로 해상 무역을 하였다.[62]

지중해의 주역은 고대 그리스부터, 카르타고, 로마, 비잔틴, 아랍, 유럽, 터키, 유럽과 무슬림 등으로 바뀌어 왔다.[61] 1453년 오스만 터키에 의해 비잔틴 제국이 멸망하면서 지중해를 통한 동양과의 무역이 어려워지자 새로운 무역항로가 필요했다.[63] 1498년 바스코 다 가마(Vasco da Gama)가 아프리카 남단을 통한 인도 항로를 개척한 이후 서구문명의 중심이 지중해에서 대서양 연안의 스페인, 포르

그림 3-1 AD 1600년경, 네덜란드의 올리브유 추출과정[30]

자료 : 메트로폴리탄 예술박물관 홈페이지, OASC
http://www.metmuseum.org/accessed 2015. 12.12

투갈, 네덜란드, 영국 등으로 옮겨갔다. 한편 이슬람 세계의 구심인 오스만 제국 (1281~1924)은 1차 세계 대전 전까지 지중해 동쪽의 강국이었다.[61]

이와 같이 유럽, 아시아, 아프리카 세 대륙은 지중해를 통한 해상무역과 정복전쟁, 그리고 주민이 이주하면서 활발한 상호 관계를 가져왔고, 음식에 대한 정보와 식재료를 교환해왔다.[48]

지중해식 식사(Mediterranean Diet)라는 단어는 지중해 연안 국가들의 일반적인 식사형태를 의미하지만 지중해식 식사는 동일하지 않고 매우 다양하다. 그 이유는 재배하는 작물, 음식문화와 전통, 종교, 문화, 지리적 환경, 생태환경이 다르기 때문이며 역사적으로 지중해의 주역이 변화되었기 때문이다.[64]

지중해식 식사는 전곡류, 채소, 과일, 올리브유, 생선을 주재료로 하는 식사이며, 다양하고, 신선하며, 건강하고 좋은 품질의 단순한 식사이다. 올리브 나무는 돌이 많은 땅에서도 잘 자라고[48] 지중해를 중심으로 재배되고 있으며 200년 이상 사는 경우도 많다. 오늘날 세계 올리브의 90%를 지중해 연안에서 생산하고 있다.[65] 1ℓ의 기름을 짜려면 5kg의 올리브를 필요로 하고, 수확하여(그림 3-1) 49시간 이내에 기름을 짠 것이 최상품 올리브유인 Extra virgin(유리올레익산이 1% 이내)이다.[48]

이러한 지중해식 식사 유형이 형성된 배경을 이해하기 위해 고대 이집트와 그리스의 식문화와 그리고 이탈리아 식문화를 중심으로 살펴보고자 한다.

1. 고대 이집트

BC 9000년경 메소포타미아에서 시작된 농경술이 BC 6000~4000년경에 이집트에 전파되어 나일강 유역에서 밀과 보리의 재배가 시작되었으며 고대 이집트인의 주식은 보리였다. 채집이나 재배로 획득한 곡식을 먹기 위해 넓은 돌을 뜨겁게 달구어 그 위에 곡식 이삭을 놓아 구운 후 구워진 이삭을 갈돌과 갈판을 이용하여 비벼서 왕겨를 제거했다.[67]

고대 이집트인이 빵을 만드는 기술을 최초로 발명하였으며, 진흙 오븐을 사용했고 BC 3000년경에 효모로 발효한 빵을 최초로 구웠다.[68] 에머(emmer)밀, 보리,

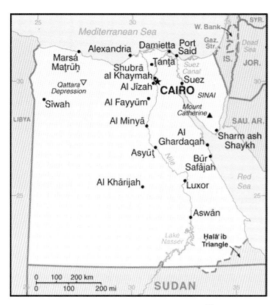

그림 3-2 **이집트 지도(2015년)**[49]

발아밀 등을 재료로 하여 만든 빵은 전문 제빵사 혹은 가정에서 만들었고 손으로 성형하여 도자기틀(ceramic mold)에 넣어 구웠다.[48] 종류도 다양하여 40가지[68] 이상이었다고 알려진다.(그림 3-3~그림 3-6) "헤로도토스(BC 484~425, 그리스의 역사가)"에 의하면 이집트인은 거친 곡물로 '실레스티스'라는 나선형으로 꼬인 빵을 만들었다고 한다.[69]

BC 4000년부터 포도주를 만들었으며(그림 3-7)[70], 빈부에 관계없이 빵과 포도주가 식사의 중심이었으나 사회적 신분에 따라 먹는 것이 달랐다. 보리나 에머밀을 발효하여[48] BC 4000~BC 3000년경에 맥주를 만들었고,[70](그림 3-4) BC 4000년경 올리브유도 사용하고 있었다.[71]

BC 3000년경의 부자의 무덤에서 보리, 죽, 익힌 메추라기, 생선, 소고기, 빵, 페스트리, 무화과, 산딸기류(berries), 치즈, 포도주, 맥주의 흔적이 출토되었다.[48] 목축의 발전으로 발효유를 먹었으며[68] 고기가 비쌌기 때문에 특별한 경우를 위해 비축해두었다. 최상층과 중산층은 작은 새를 먹었으며 최고 요리로 여겨졌던 오리는 로스트하거나 오븐에 굽거나 밀이나 조를 채워서 구웠다. 모든 종류의 생선을 먹었으며[48] 생선은 태양 건조하거나 소금에 절여 저장하였다.[48,69]

그림 3-3 빵 만드는 모습(BC 2446~2389)
출처 : 메트로폴리탄 예술박물관
http://www.metmuseum.org/accessed 2015. 12.12

그림 3-4 빵과 술 제작 모형(BC 1981~1975년경)
출처 : 메트로폴리탄 예술박물관
http://www.metmuseum.org/accessed 2015. 12.1

그림 3-5 빵 만드는 사람
출처 : 메트로폴리탄 예술박물관
http://www.metmuseum.org/accessed 2015. 12.12

그림 3-6 빵 만드는 사람
출처 : 메트로폴리탄 예술박물관
http://www.metmuseum.org/accessed 2015. 12.12

그림 3-7 포도 수확과 포도주 제조(BC 1400~1352)
출처 : 메트로폴리탄 예술박물관, http://www.metmuseum.org/accessed 2015. 12.12

그림 3-8 **건포도(좌), 대추(우)(BC 1492~BC 1473)**
출처 : 메트로폴리탄 예술박물관, http://www.metmuseum.org/accessed 2015. 12.12

설탕이 없었으므로 감미료로 꿀, 무화과나 대추의 즙을 사용했고, 나일강 습지대에서 샐러리, 연근, 오이, 대파(leeks), 콩, 오크라 콩을 생산했다. 과일과 채소를 재배하는데 비용이 많이 들었으므로 여유가 있는 사람으로 디저트나 식사중간에 포도와 대추(그림3-8), 무화과, 석류 같은 과일을 먹었다. 가난한 사람들은 과일과 채소를 먹기가 어려워서 야생 아마란스, 야생풀, 수영(sorrel)으로 식사를 보완했고 야생무화과는 모든 계층이 즐겨먹었다.[48]

그림 3-9와 그림 3-10과 같이 BC 3000년경에 뼈 수저를 사용하고 있었고 수저는 청동(그림 3-11), 나무(그림 3-12)로도 만들어졌다.

이집트는 약 700년간(BC 30~AD 641) 로마와 비잔틴 제국의 지배를 받으면서 이탈리아와 많은 교류가 있었고 그의 영향을 많이 받았다.[30]

그림 3-9 **뼈 수저(BC 3300~BC 3100)**
출처 : 메트로폴리탄 예술박물관
http://www.metmuseum.org/accessed 2015. 12.12

그림 3-10 **뼈 수저(BC 3100~BC 2649)**
출처 : 메트로폴리탄 예술박물관
http://www.metmuseum.org/accessed 2015. 12.12

그림 3-11 **청동 수저(BC   1550~1295)**
출처 : 메트로폴리탄 예술박물관
http://www.metmuseum.org/accessed 2015. 12.12

그림 3-12 **비잔틴 점령기의 나무수저(AD   580~640)**
출처 : 메트로폴리탄 예술박물관
http://www.metmuseum.org/accessed 2015. 12.12

그림 3-13 그리스 지도(2015년)[49]

2. 고대 그리스(BC900~BC 146)

고대 그리스인의 주식은 밀, 보리, 렌즈 콩(Lentil)이었다. 밀은 빵이나 죽(por-ridge)에 사용되었고, 보리는 맥아즙과 비스킷의 재료이었고, 렌즈 콩은 스프에 사용되었다.[48] 아테네 청년은 "밀, 포도, 올리브가 나는 땅 조국에 충성하겠다"라고 선서할 정도로[67] 이 식품들을 중요하게 여겼다.

주식과 곁들여 먹는 것은 채소, 치즈, 계란, 생선, 어린양이나 양고기, 염소나 돼지고기, 사냥한 새 등이었다. 또한 과자와 디저트를 좋아했고 음식을 먹을 때 물 섞은 포도주(그림 3-14)를 함께 먹었다.[48]

밀이 비쌌지만 많은 이들이 좋아했고 밀가루로 여러 종류의 빵을 만들었다. 빵의 모양이 다양해서 사각형, 나선형, 버섯 모양도 있었고, 재료를 다양하게 사용하여 다양한 풍미(flavor)의 빵을 만들었다. 가장 인기 있던 빵은 토핑을 얹어 구운 얇은 빵(flat bread)이었으며 그림 3-15에서 탄두르 모양의 오븐에서 얇은 빵을 굽는 고대 그리스의 여인을 볼 수 있다.[48] 그리스인들은 앞문이 달린 제빵용 오븐을 개발하여 더 좋은 품질의 빵을 구워[67] 민트소스나 식초 그리고 가룸(garum)이라는

그림 3-14 물 섞은 포도주잔(BC 460~450)
출처 : 메트로폴리탄 예술박물관30)
http://www.metmuseum.org/accessed 2015. 12.12

그림 3-15 빵 굽는 여인(BC 600~480)
출처 : 메트로폴리탄 예술박물관30)
http://www.metmuseum.org/accessed 2015. 12.12

발효 생선 액젓과 함께 먹었다. 이처럼 빵의 모양과 풍미의 다양성을 통해 고대 그리스인들이 음식조리를 중요하게 생각했고 더 맛있게 요리하려고 했음을 알 수 있다.[48]

군인들은 많은 양의 빵을 간식이나 식사로 먹었으며 저녁식사에는 빵을 먹지 않고, 전채요리, 주요리, 후식을 먹었다. 전채 요리로 올리브, 성게알, 히아신스 구근, 포도잎, 메뚜기, 매미를 먹어 식욕을 자극하였다. 주요리는 고기를 로스트 하였고 동물의 모든 부위(발~내장)를 이용하여 삶거나 푸딩을 만들어 먹었다. 또한 많은 어패류(가재, 새우, 참치, 장어, 문어, 오징어, 황새치)도 이용했다. 후식으로 크림 디저트, 치즈파이, 달콤한 렌즈 콩, 소프트 쿠키 등이 있었다. 식사가 끝날 때 포도주를 한 입 맛본 후에 물로 희석한 포도주를 마셨다.[48]

이와 같이 이용가능한 모든 식재료를 사용했고 빵이나 후식 같은 음식의 기본 분류를 만들었다. 지속적으로 새로운 방법으로 재료를 혼합하고 실험조리를 시도하여 요리를 예술로 격상시켰다. 이런 혁신적인 조리 접근법이 오늘날 지중해 요리의 특징이 되어서 요리사들은 새로운 맛을 만드는 시도를 지금도 계속하고 있다. 따라서 요리책의 저자나 여행전문가들이 지중해지역의 특징을 다양성, 풍부함, 활력이라고 하는 것은 놀라운 일이 아니다.[48]

BC 8세기경에 그리스는 고유문명을 형성하여 서유럽 문화의 기초가 되었다. 그리스는 날로 먹거나 연회를 즐길 줄 모르고 무례하게 식사하면 야만인이라고 여겼으며 연회는 희석한 포도주를 함께 마시면서(symposion) 종료하였다. 밀, 올리브유, 포도주, 우유, 고기를 먹는 자신들은 문명인이고, 그렇지 않은 주변 국가들을 야만인이라고 여기는 우월감을 가졌다.[48]

이러한 습관과 사고방식이 그리스의 문화유산이 되어서 BC 8세기경 지중해의 강대국이었던 그리스가 지중해에 설치한 식민지인 이탈리아 남부와 시칠리(Sicily) 섬까지 전파되었다.[63] 이후 그리스는 지중해의 주역들에게 정복되어 로마 통치(BC146~AD 330), 비잔틴 제국 통치(330~1453), 오트만 제국 통치(1354~1830)를[30] 받았으며 이들에 의해 그리스 문화가 지중해에 확산되게 되었다.

3. 이탈리아

이탈리아 반도는 지중해 중앙에 위치하여 유럽의 중북부와 지중해로부터 많은 이주민이 모여들었다.[63] 반도의 북부는 대륙성 기후이고 중남부는 지중해성 기후이며 전반적으로 온화한 편이다.[72] 반도 북부의 포(po)강 주변의 평야를 제외하고

그림 3-16 이탈리아 지도(2015년)[49]

대부분이 언덕과 바위가 많은 산이어서 농사가 어렵고 많은 노력이 필요하다.[63] 2015년 인구는 약 6,200만 명이었고 80%가 가톨릭 교인이다.[49]

고대에는 에트루리아, 그리스, 페니키아, 켈트, 로마, 게르만의 영향을 받았고, 중세에는 비잔틴, 무슬림, 노르만족, 르네상스 이후에는 스페인, 프랑스, 오스트리아 등의 침략을 받아 다양한 문화의 영향을 받았다. 이와 같이 이탈리아의 음식문화는 다양한 민족들의 영향, 반도라는 지리적 특성과 지중해성 기후, 가톨릭의 직접적인 지배를 통해 형성되었다.[72]

1) 고대기

(1) 에트루리아와 그리스

이탈리아는 BC 6000~ BC 3500년경 농사를 시작하고 야생 동물을 가축화했다. 북쪽에서 이주해온 인도유럽어족이 이탈리아에 정착했고 이들은 양과 염소를 길렀다.[63]

BC 8세기경 에트루리아(Etruscans) 민족이 토스카니(Tuscany)쪽으로 도착했다. BC 8세기경 지중해 문화의 주역이었던 그리스는 인구가 빠르게 증가하면서 한정된 토지에서 살기 힘들었으므로 청년들에게 선박, 식량, 씨앗을 주고 새로운 지역, 즉 식민지를 개척하게 하여 에트루리아를 식민통치(BC 775~ BC 500)하였다. 그 결과 그리스인들이 이탈리아 남부에 올리브, 포도, 양배추, 양파에 대한 선진 농업기술을 가져왔고, 밀, 올리브유, 포도주를 많이 사용하는 전통적 식사개념을 이탈리아에 도입시켰다.[63]

에트루리아는 BC 6세기경 강력한 육해 권력을 가졌고 포강부터 로마(BC 575)와 남부의 깜빠니아(Campania)까지 장악했다. 에트루리아는 토지의 생산성이 좋아서 하루에 두 번 식사를 했으나 로마나 다른 지역은 하루에 한 번만 식사를 했다. 주식은 보리이었고, 밀, farro(토스카니 지역의 에머밀. 그림 3-17), 조도 함께 먹었다. 곡류는 갈아서 죽(gruel)에 넣거나, 반죽하여 뜨거운 돌이나 오븐에 구워서 얇은 빵(flat bread)을 만들었다.[63]

완두콩, 병아리 콩(chick pea), 렌즈 콩, 잠두 콩(fava bean) 등을 상당히 많은 양을 먹었고 특히 스프에 넣었다. 고기는 풍부하지 않았고 양과 소의 젖은 유제품을

그림 3-17 farro[82]

그림 3-18 에트루리아의 물 섞은
포도주통[30](BC 330~290)
출처 : 메트로폴리탄 예술박물관
(http://www.metmuseum.org/accessed 2015. 12.12)

그림 3-19 뿔닭[83]

만들 수 있어서 귀하게 여겼으므로 일반적으로 돼지와 닭을 먹었다 에트루리아는 헤이즐넛, 무화과, 올리브, 포도나무를 길렀고, 올리브유와 포도주(그림 3-18)를 생산하였다.[63]

(2) 페니키아

에트루리아는 BC 6세기경 지중해 해상무역을 시작하여 페니키아와 그리스의 상선과 경쟁했다. 레바논 지역 출신인 페니키아인은 지중해 전역에 상업망을 가졌으며 서유럽에 올리브유, 포도주, 무화과, 대추, 아몬드, 파스타치오, 석류, 감 등을 수출하였다.[63]

(3) 켈트

그리스가 이탈리아에 형성된 여러 식민지들끼리 해상무역 장악을 위한 전쟁을 하면서 용병을 고용했다. 오스트리아, 독일 남부, 프랑스동부 지역 출신인 켈트(Celts)족 용병들이 이탈리아의 풍요로움을 알게 되었으므로, 켈트족이 BC 5세기부터 포강 평야지대로 많이 이주하면서 에트루리아는 토스카니(Tuscany) 아래로 밀려났다.[63]

켈트족과 게르만족은 중북부 유럽에 살았으므로 사냥, 어로, 야생과일 채집을 하였고 숲에 돼지, 말, 소를 방목하였다. 그러므로 빵이나 포렌타보다 고기를 더 중요하게 여겼고, 말 젖과 발효유, 야생 과일주(cider), 맥주를 마셨다. 요리를 위해 올리브유가 아닌 버터나 라드를 사용했으므로[29] 지금까지도 북부 유럽은 버터를, 남부 유럽은 올리브유를 주로 사용하고 있다.[73]

켈트족은 땅에서 소금을 추출하는 선진기법과 식품의 염장법을 이탈리아에 도입시켰고 돼지고기를 좋아했으므로 당시 켈트족이 거주했던 파르마(Parma)는 지금도 최상품 염장돼지고기의 생산지로 유명하다.[63]

(4) 로마

이탈리아 반도의 티베르(Tiver)강 주변 언덕에 거주하던 로마는 BC 753년 왕국을 창건하였다.[63] 초창기의 로마인의 식사는 매우 소박해서[48] 보리, farro 같은 곡류를 갈아서 puls(콩과 밀가루로 만든 죽)나 스프에 넣었고, 굽거나, 날로 씹어 먹기도 했다.[63] 그래서 로마인은 보리를 먹는 사람이라고 하였고[74] 그 중 puls는 매우 중요하여 기본 주식과 함께 섭취되었다. 그 외에 두류와 야생 허브, 채소, 소량의 고기(가금류, 돼지, 양), 치즈, 꿀 등을 먹었다. 소는 농사일에 중요했으므로 소고기는 특별한 경우에만 먹었다.[63]

에트루리아의 지배를 받는 기간(BC 575~BC 470) 동안 로마인의 식사는 주변국인 이탈리아나 라틴족과 매우 비슷해졌다. BC 3세기에 로마는 에트루리아와 반도 북쪽의 켈트족을 정복하였다. 또한 지중해 서쪽의 해상세력인 카르타고(북부 아프리카의 튀니지)를 패배시키고(BC 218년) 시칠리 섬을 점령했다. 그 후 BC 210년부터 시칠리 섬에서 밀 재배를 시작하였고, 북부 아프리카에서도 밀을 재배하게 하였다. 이어서 스페인(BC 202년), 터키(BC 188년), 이집트(BC 30년)도 정복하여 이집트는 로마의 주요 밀 공급지가 되었다. 또한 그리스(BC 146년)와 프랑스 지역도 점령하여 지중해 전체를 지배하였다.[63]

그리스인들로부터 제빵 기술을 도입한[74] 이후 빵을 곡물반죽이나 죽보다 더 바람직하게 여겼으며[75] 빵에 꿀, 올리브유, 소금, 양귀비씨(poppy seeds), 치즈, 허브 등을 넣어 맛을 내었다.[48] 밀로 만든 빵이 노예가 먹는 보리빵보다 우수하다고 여겼다.[67] 밀의 공급이 증가하면서 빵이 중요해졌고 로마인 문화정체성의 중심이 되었다. 그리스의 포도주(항상 물에 희석함)와 올리브, 켈트족의 고기 염장법, 에트루리아의 비스듬히 기대서 식사하는 자세도 도입하였다. 가정에서는 저장할 수 있는 염장 돼지고기, 치즈, 꿀, 올리브를 매우 중요하게 여겼다.[63]

1세기경 로마인은 주요 식사(coena)를 정오에 먹었으며 고기는 귀해서 콩 혹은 야채를 먹었다. 부유한 가정의 coena는 전채요리(계란, 버섯, 굴, 샐러드)로 시작하고 꿀을 섞은 포도주를 마셨다. 주요리로 보통 고기와 야채를 먹었고 후식으로 무화과, 과일, 견과류를 먹었다. 아침은 얇은 빵, 치즈, 말린 과일, 계란, 꿀로 구성되었고 저녁은 매우 가볍게 먹었다.[63]

로마의 화폐가 매우 효율적인 무역수단이 되었고 정복지에서 온 상품과 돈으로 이탈리아인이 로마인으로 통합되게 되었다. 국제 무역의 증가로 로마인의 대규모 농장(Latifundia)에서 올리브, 포도, 밀 같은 상업용 작물의 생산이 증가하였다. 로마에 도입된 새로운 식품은 체리, 모과, 복숭아, 살구, 뿔닭(guinea hens, 그림 3-19) 등이다. 향신료가 동양으로부터 유입되었고 중국과도 무역을 하였다.[63]

로마의 부가 증가하여 식품 섭취량이 증가했지만 기독교가 확산되기 전(AD 313년 기독교 공인)에는 과거와 같은 식습관을 가졌고 검소함을 미덕으로 삼았다. 그러나 손님에게 풍성하게 접대하는 것은 환영받았다. 그래서 BC 180년 저녁식사에 초대하는 손님의 수를 제한하는 법이 통과된 이후, 결혼식이나 축제에서 낭비를 제한하는 것도 법례화되었으며, BC 78년부터는 동양에서 수입 된 동물을 먹는 것도 철저하게 제한하였다.[63]

(5) 로마제국(BC 27~AD 395)

아우구스투스 황제(Augustus, 재위기간: BC 27~AD 14) 때부터 빵이 일반화되었다. 그 이유는 안정적인 곡물가격 유지를 위한 관청(annoa)을 세워서 특별한 경우 곡물의 무상 배급을 실시하여 사회적 불안을 피하려고 하였다. 부자는 최상의 흰 밀가루를 먹을 수 있었으나 도시 빈민은 주방시설이 없는 비좁은 집단주택에 거주하였으므로 간이식당(tabernae)에서 음식을 사먹었다. 폼페이 유적에서도 200개 이상의 간이식당을 볼 수 있을 정도로 많이 생겼다.[63]

그림 3-20에서 로마 인근 도시에서 출토된 BC 1세기의 은잔, 국자, 수저를 볼 수 있다. 여러 종류의 수저는 코스 요리를 먹을 때 사용되었으며 그림 3-21의 뼈 수저는 달팽이나 조개, 계란을 먹기 위한 것이었다. 또한 포크가 음식을 덜어내는 용도로 AD 2~3세기에 사용되었으며(그림 3-23, 그림 3-24), 수저포크(그림

그림 3-20 은 포도주잔, 국자, 수저(BC 1세기 중엽)
출처 : 메트로폴리탄 예술박물관 홈페이지(http://www.metmuseum.org/
accessed 2015. 12.12)

그림 3-21 로마 뼈수저(AD 1세기)
출처 : 메트로폴리탄 예술박물관 홈페이지(http://www.metmuseum.org/
accessed 2015. 12.12)

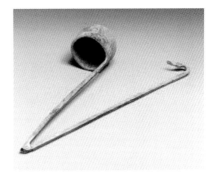

그림 3-22 로마 국자(AD 2세기)
출처 : 메트로폴리탄 예술박물관 홈페이지(http://www.metmuseum.org/
accessed 2015. 12.12)

그림 3-23 포크(AD 2~3세기)
출처 : 메트로폴리탄 예술박물관 홈페이지(http://www.metmuseum.org/
accessed 2015. 12.12)

그림 3-24 수저 포크(AD 3세기)
출처 : 메트로폴리탄 예술박물관 홈페이지(http://www.metmuseum.org/
accessed 2015. 12.12)

그림 3-25 은수저(칼이 분실됨)(AD 3세기)
출처 : 메트로폴리탄 예술박물관 홈페이지(http://www.metmuseum.org/
accessed 2015. 12.12)

그림 3-26 파리 은수저와 포크(1683~1684)
출처 : 메트로폴리탄 예술박물관 홈페이지(http://www.metmuseum.org/
accessed 2015. 12.12)

3-24), 수저와 나이프 겸용(그림 3-25)도 사용하였다. 그림 3-20과 그림 3-22의 국자는 포도주나 올리브유를 덜어내는 데 사용되었다.[30] 그림 3-26에서 프랑스에서 1683년경에 사용된 은수저와 4개의 날을 가진 포크를 볼 수 있다.

하층민의 저녁식사는 콩과 채소를 먹는 가벼운 식사였으나, 고위계층의 경우 주요 식사인 coena가 저녁으로 옮겨져서 전채요리, 주요리, 후식으로 구성되었고 기대는 침상을 이용하는 전용 식당에서 식사를 하였다. 생선이 가톨릭의 금식기간에 유행하면서 저택마다 큰 인공연못을 만들어 항상 신선한 물고기를 공급하였다. 점심은 가벼운 식사로 빵, 치즈, 저녁에 먹고 남은 음식을 먹었다. 연회는 주인의 부와 권력을 과시하는 사교행사로[63] 대추, 건포도, 해산물, 생선, 돼지고기, 어린양고기, 복숭아, 딸기, 송로버섯, 포도주 같은 많은 음식을 제공하였다.[48]

AD 2세기 말까지 로마제국은 번성하였고 전쟁의 승리가 지속되며 노예의 수도 증가하였고, 대규모 농장에서 많은 노예에 의해 생산된 상업용 작물에 대해 소농가는 경쟁을 할 수 없어서 토지를 팔고 노동자가 되거나 다른 지역으로 이주했다. 이와 같이 로마는 노예와 정복전쟁을 기초로 유지되었는데 노예와 전리품 유입이 중단되면서 재정위기가 발생하였고 세금을 증가시켰다. 그러나 부유한 로마 주민이 중앙관리와의 밀착관계를 통해 세금을 면제받았으므로 국가재정이 더욱 부족했다.[63]

인플레이션이 급등하여 상거래가 거의 사라졌고 부자 지주는 도시의 삶을 포기하고 자신의 대규모 농장으로 도피하였으며 각각의 농장은 독립적인 자급자족을 하였다. 또한 노예의 노역을 이용했으므로 기술이나 효율성이 증가될 수 없었다.[63]

로마 농업의 주작물인 밀은 재배에 노동력이 많이 필요하고 다른 작물에 비해 수확률이 적었다. 3세기 로마의 위기이후 밀보다 기르기 쉬운 호밀, 보리, 귀리, 에머밀, spelt(그림 3-27), 조, 수

그림 3-27 spelt[82]

수의 재배를 선호했다. 특히 로마인이 잡초로 여겨왔던 호밀은 생산량이 많고 어디서나 잘 자랐으므로 10~11세기까지 많이 재배하게 되었다. 밀도 재배되었으나 소량이어서 상위층이 먹었다. 중세기부터 이탈리아 반도 북부에서는 호밀빵을 먹었는데 호밀이나 다른 곡식으로 만든 빵은 검정색이었고 하인들이나 농부들이 먹었다. 유럽의 북부와 중부에서는 검정 빵을 환영했으나 밀재배를 고집하던 남부 유럽에서의 검정 빵은 낮은 신분을 의미했다.[29] 보리, 조, 수수 등은 빵의 재료로 적합하지 않아서 포렌타(polenta)에 넣었으므로 포렌타는 로마시대 이후부터 농부에게 중요한 음식이었고 포렌타와 스프는 가난한 사람의 음식이었다.[76]

내부위기를 틈타 로마 국경수비대이던 게르만(Germans)족이 로마 영토를 점령했다. 방어를 위해 모집된 군대는 자기들끼리 내전을 하였고, 군인들은 제때에 급료[63](salarium: 소금의 배당된 몫이란 뜻으로 salary의 어원[70])를 받지 못하게 되면 자신들의 주둔지에서 직접 빼앗았다. 오랜 전쟁과 전염병의 확산으로 제국 전체가 황폐화 되어 기근이 자주 발생했고 게르만족은 계속 국경을 침략하였다. 농업의 생산량과 인구의 감소, 부패된 도시문화로 화폐경제가 무너져 다시 물물교환을 기초로 하는 경제로 돌아갔다.[63]

395년 테오도시우스황제는 로마제국을 동로마와 서로마로 나누어 두 아들에게 주었다. 동로마(395~1453)는 그리스문화를 계승하여 발전하였으나 서로마(395~476)는 고트(Goths)족 게르만 왕에 의해 멸망한 이후[63] 도시국가 혹은 열강의 지배를 받으며 하나의 언어를 사용하지만 조각조각 분리된 형태를 유지하였다.[77]

2) 중세

(1) 게르만의 이주

서로마를 멸망시킨 게르만족은 자신의 전통을 유지하면서도 로마 문화에 매혹되었다. 대규모 농장은 여전히 중요한 경제구조였고 소작농은 착취당했으며 토지의 하인으로 불리면서 토지가 거래될 때 함께 교환되었다. 중앙권력이 약했고 상업과 장거리 교역이 어려워서 지방문화가 부활되었다.[63]

게르만인은 호밀과 보리 같은 곡류를 재배하면서 목축을 하였다. 보리를 맥주의 제조에 사용하였는데, 포도주의 이용이 점점 어려워지는 상황에서도 로마인은 발효된 맥주를 혐오하고 꺼렸다. 이탈리아의 전통식품인 콩, 올리브유, 과일과 야채가 게르만의 전통식품인 버터, 라드, 사냥한 고기, 야생베리로 부분적 대체되었다. 빵은 조, farro, 호밀 같이 밀보다 기르기 쉬운 곡류로 만들어졌다. 로마의 농업을 상징하는 포도주, 빵, 기름은 숲과 시골지역의 주민에게는 낯선 것이었다.[63]

결핍의 시기에 로마나 게르만족 소작농은 모두가 다양한 식품을 이용하는 법을 배워야 했다. 고기는 권력의 상징이었고 육체의 힘과 전투체력을 얻기 위해 필수식품으로 여겨졌다. 오직 수도원만이 로마의 식사전통을 유지했고 포도주, 빵, 올리브유를 계속 사용했는데 이는 포도주와 빵은 성찬식에 사용되었고 올리브유는 기독교 의식에서 중요했기 때문이었다.[63]

동로마 즉, 비잔틴 제국의 수도인 콘스탄티노플(오늘의 이스탄불)은 로마와 그리스 문화를 이어받은 가장 부유하고 발전된 곳이 되었다.[63] 552년 동로마의 유스티아누스(Justina)황제는 게르만 고트족을 쫓아내고 지중해 연안, 즉 옛 로마의 영토를 회복하였다.[63]

603년 게르만의 롬바르드족(Longobard)족이 이탈리아 반도의 중북부를 점령하게 되면서 이탈리아 지역에서 비잔틴 제국이 1071년까지 유지한 영토는 남부지역으로 시칠리(Sicily), 사르데냐(Sardinia), 폴랴(Pulgia), 칼라브리아(Calabria), Esarcate와 동쪽 해변의 5개 도시뿐이었다. 비잔틴 제국은 이곳에 포도와 올리브 나무를 도입하였고 숙련된 소작농도 도입하여 기본 농업기술을 가르쳤다. 2세기 정도 이탈리아는 비잔틴의 로마그리스 문화와 게르만 문화로 양분되었고 롬바르드족의 점령지에서는 로마의 요리 습관이 거의 사라졌다.[63]

(2) 프랑크

독일과 프랑스지역에 정착하고 가톨릭으로 개종한 게르만족인 프랑크(Frank)는 이탈리아 북부를 침략하고 롬바르드족의 영토와 고대 로마제국의 영토를 대부분 정복했으며 800년 교황은 프랑크 왕을 제관하였다.[63] 로마가톨릭인 프랑크 제국은 정치, 종교, 이념적으로 서유럽 사회를 주도했으며 고기 중심의 문화에서 새로운 기독교 음식문화로의 변화를 주도하여[72] 프랑크 시대에 빵, 포도주, 올리브유는 기독교의 음식문화를 대표하는 상징으로 정착하였다. 봉건제도를 도입하였으며 지주는 왕이 자기에게 배당한 땅에 밀제분소, 기름 짜는 곳, 포도주통 창고 등을 세웠다. 나머지 영토는 소작농이 일하게 하고 생산량의 일부를 받았다. 소작농은 노예와 같아서 자신이 일하는 토지를 떠날 수도 직업을 바꿀 수도 없었다. 낮은 농업생산성으로 비축식량이 부족했으므로 기후의 작은 변화나 혼란에도 심한 기근이 발생했고 그 시대의 예술, 문학 등은 당시의 굶주림을 표현하였다. 투자나 상업을 위한 자원이 거의 없었으므로 장거리 무역이 사실상 사라졌다. 돈 관련 일을 하는 상인은 이윤을 추구하는 죄인 취급을 당해서 점점 사라졌고 물물거래를 하게 되었으며 피와 관련된 일을 하는 요리사와 도살업자 등도 사회에서 무시를 당했다.[63]

이런 어려움에도 불구하고 8세기부터 이탈리아의 인구가 증가하기 시작했는데 이는 주인 없는 불모지를 소작농이 개간하는 것이 허락되어 식품을 생산하였기 때문인 듯하다. 이 시기의 식사와 식탁예절은 사회계층에 따라 많은 차이를 보였다. 귀족은 대부분 게르만의 후손으로 사냥을 높이 인정했고 사냥한 동물과 고기를 로스트하거나 그릴에 구워먹었고 이것은 귀족의 식사에서 중요했다.[63]

봉건지주는 풍부한 식사를 제공하는 사교모임을 자신을 과시하는 수단으로 중요하게 여겼다. 이런 사교모임에서 손님들은 상당량의 술을 마셨으며 게르만족의 전통음료인 맥주나 사과주(cider, 그림 3-28)보다 포도주를 훨씬 좋아했다. 포도주의 맛이 너무 강해서 물과 섞어 먹었으며 덕분에 물이 소독되어 안전하게 물을 마실 수 있었다.[63]

소작농은 자신이 불모지를 개간한 땅에서 수확한 곡류, 두류, 채소를 먹었다. 양배추, 비츠, 당근, 회향(funnels), 대파(leeks), 양파를 스프에 넣어 하루 종일 주방 화덕에 걸어놓았고 말린 고기와 염장육도 넣었다. 신선육은 사치품으로 여겼고 염장 돼지고기가 인기가 있었다. 황소는 쟁기질을 해야 했고 암소는 젖을 짜야 했으므로 소고기가 매우 귀했기에 치즈가 중요한 단백질 급원이었다.[63]

수도원은 육식 금기일이 있었으므로 고기의 섭취가 매우 제한되었고 절제되었다. 따라서 생선과 계란을 기초로 수도원의 요리가 발달하였고 수도승과 귀족은 밀로 만든 빵을 먹었다. 소작농은 반도의 북부지역에서와 같이 호밀이나

그림 3-28 **사과주(cider) 제조(프랑스, 1864년)**
출처: 메트로폴리탄 예술박물관(http://www.metmuseum.org/accessed 2015. 12.12)

보리로 빵을 먹은 반면, 남부지역의 플로랭스나 시에나(Siren)는 밀을 주로 이용했다.[63]

(3) 무슬림과 노르만의 확장

중세 유럽이 결핍의 시기를 보내는 동안 지중해의 무슬림 무역은 왕성했다. 이들은 인도와 중국에서 후추, 카다몸(cardamom), 강황(turmeric), 커리 같은 비싼 향신료를 수입하여 거래하였다. 쌀, 사탕수수, 수박, 가지가 중국과 인도에서 도입되었고 지중해지역에서 재배되었다. 코란은 무역을 긍정적으로 여겼기에 무슬림은 무역에 상당한 노력을 투자했다.[48]

오늘날의 튀니지에 근거지를 둔 무슬림 세력이 시칠리 섬을 점령(902~1171)했고 무슬림적 요소가 흡수되어 새로운 요리 전통을 낳았다. 이때 쌀, 사탕수수, 가지, 멜론, 살구, 사프란, 감귤류가 도입되었으며[63] 시금치는 14~15세기경 페르시아에서 도입되었다.[70] 사탕수수로 인해 설탕을 이용한 제과기술이 발달하였고 과일 통조림과 셔벗(과즙에 물과 설탕을 탄 것)도 생산하게 되었다.[63]

같은 시기에 긴 모양의 건파스타 제조법이 도입되었다.[78] 신선한 파스타를 만들고 끓이는 것은 그리스가 근원이며[63] 큰 형태의 파스타인 라자냐(lasagna)는 고대 로마시대부터 있었다.[78] 하지만 건파스타는 오랜 기간의 사막여행 동안 먹을 저장식품을 위해 반죽을 건조시켜 만든 것으로 9세기 아랍 레시피에 등장했다. 무슬림 문화가 지배적이었던 시칠리 섬 서부지역에서 건파스타가 유행하였으며 12세기에는 공장에서 만든 건파스타를 해상 수출하였다.[29] 무슬림은 포도주와 돼지고기는 부정하다고 여겼으나 빵은 허용했다.

쌀은 처음에 향신료 판매상이 판매하다가 15세기에는 널리 재배되고 섭취되었다. 1590년의 심한 기근 시 굶은 농부들에게 쌀을 배급하였고 18세기의 식량부족 시 쌀 섭취를 권장하면서 가난한 사람의 음식이라는 이미지를 갖게 되었다.[76]

스칸디나비아 전사와 뱃사람의 후손인 노르만족(Normans)은 용병으로 와서 이탈리아를 점령(1059~1194)하고 1091년 무슬림을 시칠리 섬에서 쫓아냈다. 전문적 인력의 부재로 사탕수수 재배가 거의 사라지게 되었지만 가지, 오렌지, 아몬드는 계속 재배되었다.[63]

(4) 도시의 삶

소작농이 주인 없는 황무지를 개간한 토지에 밀을 재배하여 빵을 먹게 된 11세기부터 인구가 증가하였다. 12세기에 시칠리의 귀족에 의해 건파스타 제조법이 이탈리아 본토에 도입되었으며[63] 마카로니(macaroni)에 대한 기록은 1279년 문서에서 발견되었다.[78]

철로 쟁기를 만들어 황소의 생산 효율을 증가시켰고 농업생산량도 증가했다. 그로 인해 상업과 무역이 활발해져서 중북부 이탈리아에 도시가 재탄생하였다. 많은 지주들이 도시로 이사하였고 도시 중심으로 경제가 활성화되었다. 나폴리(1382~1435), 베니스(9세기 중반~1797)와 제노바 같은 해안 도시국가가 상업적 힘을 이용하여 독립하였다. 그러나 중앙집권적 노르만의 지배를 받던 남부이탈리아에는 자치권이 없었다.[63]

농업, 무역, 수공업의 발달로 이탈리아 전역의 요리 습관이 변화되었다. 부유층은 풍성한 연회를 더 자주 개최하게 되었고 연회의 세련됨과 우아함을 중요시했다. 손님들은 둘씩 짝을 지어 그릇, 유리잔, 나무 접시를 공유했다. 스푼을 이용하여 스프를 덜어내거나 서빙그릇에서 음식을 덜어내었으나, 고형 음식은 손으로 먹고 식탁보에 손을 닦았다. 손을 빨아먹거나, 서빙그릇에서 덜어낸 음식을 다시 제자리에 놓거나, 테이블 가까이에 뱉어내는 것을 무례하다고 여겼다.[63]

군인이 음식을 많이 먹는 자신을 과시하는 것은 시대에 뒤쳐진 생각으로 여겼으며 식사는 신분의 차이를 상징하였고 식탁예절로 자신을 과시했으며, 음식에 값비싼 향신료인 계피, 생강, 후추 등을 넣었다. 십자군 전쟁동안(11세기 말~13세기 말, 크리스챤 왕국들이 성지와 예루살렘을 점령해온 무슬림에 대항한 전쟁) 동방의 요리에 대한 관심을 다시 불러 일으켰다. 황금색을 내기 위해 샤프란(Saffron)을 사용했고 향신료로 여겼던 설탕은 음식을 장식하거나 맛을 풍요롭게 하기 위해 사용되었다.[63]

부자의 식탁에 삶아서 로스팅한 사냥한 고기, 가금류, 돼지고기, 양고기를 나란히 제공하였다. 북부 이탈리아에서는 돼지지방이 가장 일반적인 양념이었고 버터가 가장 유행하였으나 올리브유는 사치품으로 여겼다. 올리브유는 노르만 통치하에 있던 남부 이탈리아의 토스카니(Tuscany)에서 주로 생산되었다. 채소와 두류는 귀족의 섬세한 위장이 소화하기 어려운 식품이라고 여겼다. 수도원, 지주, 부유한 농부가 포도를 재배하였으므로 포도주는 이탈리아의 식사에서 중요한 역할을 하였다. 숙박업자는 포도주와 빵, 치즈를 여행자에게 판매하여 수입을 올렸으며 밀 제분업자와 오븐 주인, 제빵가 등이 존경을 받게 되었다.[63]

3) 위기와 르네상스

지난 2세기 동안 유럽을 자극했던 경제성장과 인구증가의 속도가 13세기 말경 저하되었다. 폭우와 혹독한 냉기로 점점 추워져서 기근이 발생한 상황에서 1347년에 강타한 흑사병으로 수천 명이 사망했다. 잦은 전쟁과 용병의 이동이 감염을 증가시켜 상황을 더욱 악화시켰다. 지주는 농사일을 할 노동자를 찾기 어려워져서, 자기 토지를 농부에게 임대하고 소작을 하게 했다. 그러나 지주에게 착취당한 소작농의 지속적인 폭동, 독립을 위한 도시의 투쟁, 스페인과 프랑스 등의 침략으로 인해 이탈리아는 지속적인 불안정 속에 있었다. 15세기부터 고대 로마와 그리스의 예술, 문학, 철학을 재발견하고자 하였고 이것이 르네상스의 기초가 되었다.[63]

이 시기에 유럽 전역의 상위층의 식사는 지역적 차이가 없이 거의 비슷했으며, 농부는 지방의 작물과 계절식품에 더 많이 의존했고 11세기와 별로 다르지 않았다. 반면에 이탈리아 중북부의 도시는 식품을 구하기 어려운 상황에서도 과시적인 소비를 하였다. 식사의 차이가 소작농과 상위층의 신분의 차이를 의미하였으며, 귀족은 소화가 잘 되며 정제된 음식을 먹고, 노동자나 시골주민은 검정 빵이나 야생 식물 같은 소화가 잘 안 되는 식품을 먹었다.[63]

만두(dumpling)는 북부지역 농부에게 소중한 음식으로 14~15세기에 기록된 레시피에, 곡물가루나 빵가루에 치즈나 계란을 섞어 끓는 물에 익힌다고 하였다.[76]

14세기 말부터 포크가 차별화된 테이블에서 사용되었다.[63] 뜨겁고 미끌거리는 파스타를 먹는 데 좋은 도구로[76] 인기가 있어서 16세기경에 이탈리아의 덜 부유한 가정에서도 포크는 사용되었다.[63] 그러나 유럽의 다른 지역은 17~18세기까지 손으로 음식을 먹었다.[76]

연회는 오늘처럼 일련의 음식 분류들로 체계가 잡힌 것은 아니었지만, 연속하여 여러 음식을 제공하였고 손님에게 개인용 접시와 입을 닦는 냅킨도 제공했다. 식사 초기에 기름이나 식초로 양념한 신선한 과일이나 샐러드가 제공되었는데 이것들이 위가 더 많은 음식을 받아들이게 준비해 준다고 생각했다. 르네상스 문화에서 연회는 식품의 사회적 미학적 중요성을 느끼게 해주는 중요한 오락이 되었고, 지난 세기동안 간과되었던 인간의 감각에 대한 관심을 새롭게 하였다. 13세기부터 요리책이 쓰였으며 요리사는 책을 읽을 수 있는 신분의 사람이었다.[63]

4) 신대륙 혁명

14세기 말[30] 터키의 지중해 진출로 동방과의 무역이 힘들어졌으므로, 향신료 재배지역에 안정적인 상업기지를 세우기 위해 신대륙을 탐험했다. 신대륙 아메리카에서 도입한 작물 중 가장 인기 있었던 것은 옥수수이었다.[63] 르네상스의 유럽인은 높은 곳에서 얻는 식품을 높은 가치로 생각했으므로 옥수수에 대한 유럽인의 인식이 좋았다.[79] 또한 북부 이탈리아 소작농의 경우 옥수수 재배는 세금이나 지주에게 낼 배당량이 필요 없었으므로[63] 16세기 말부터 경제적으로 중요한 작물이 되었다.[79] 기존의 곡식과 비슷한 옥수수를 grits나 포렌타에 넣었으므로 회색이었던 호밀 포렌타의 색이 노란색으로 변하게 되었다. 그러나 옥수수만 들어간 포렌타를 먹었기 때문에 18세기 말 이탈리아 전역에 펠라그라가 유행했다.[76]

15세기 말~16세기 초경 메밀재배가 북부에 확산되어[76] 메밀을 갈아서 옥수수

포렌타나 쌀과 섞었다. 연질 밀 대신 경질밀이 재배되어 저장과 운반이 쉬워졌고, 아메리카의 콩과 호박(pumpkins), 칠면조도 곧바로 인기를 끌었다.[63]

토마토는 독이 있다고 생각했기에 처음에는 도입이 어려웠으나[65] 스페인 스타일 음식으로서 17세기 말 상위층의 요리에 사용되었고[76] 18세기부터는 이탈리나 남부 주민들도 토마토를 기름에 굽거나 샐러드에 넣어 먹기 시작했다. 감자는 17세기까지도 이탈리아에 식품으로 받아들여지지 못한 반면, 달콤하고 매운 고추는 쉽게 받아들여서 이탈리아 남부음식이 강한 맛을 갖게 하였다. 신대륙의 식품 도입과 동시에 그동안 이탈리아에서 인정받지 못해온 가지, 회향, 아티초크 등도 전파되었다.[63]

5) 품위 있는 삶

세계 각처의 시장 개척과 상업, 금융업의 성장은 유럽에 풍성함을 가져왔다. 이탈리아 전역에 있던 궁궐의 연회는 권력과 세련됨을 보여주었고 음식, 서비스, 상차림, 태도에 많은 관심을 가졌다. 손님은 폭식을 하지 않고 맛과 풍미에 대해 대화하는 것이 에티켓이었다. 연회는 이탈리아 스타일, 게르만 스타일, 프랑스 스타일이 있었다.[63]

1533년 카트린 드 메디치가 후에 왕이 되는 앙리 2세와 결혼할 때 포크를 가져가면서 프랑스에 소개되었고[72] 손을 씻고 식사에 임하는 법이 일반화되었다.[80]

이슬람의 영향으로 잼, 설탕조림 과일, 젤리, 과자의 전문가가 되어 유럽에 이들을 전파시켰다. 설탕으로 만든 조형품이 유행했고 베니스와 제노바는 브라질에서 설탕을 수입하여 정제했고 유럽 도처에 수출했다. 하층민의 식사는 과거와 크게 달라진 것이 없이 인구가 증가하면서 굶주림이 나라도처에 확산되었고 도시국가들과 스페인, 프랑스의 점령지는 전쟁을 지속했다.[63]

속을 채운 파스타로 라비올리(Ravioli)와 Torte[tort]가 있었다.[78] 라비올리는 남은 음식을 재활용한 것으로 두 겹의 두툼한 반죽 사이에 속을 채워서 화로의 타다 남은 불 위에 직접 올려놓아 익혔다.[63] Torte는 파스타 반죽 크러스트 위에 고기, 치즈, 생선, 채소를 얹어 구운 것으로 도시마다 재료를 다르게 사용(고기 혹은 채소, 버터 혹은 기름, 계란)하여 다양한 종류가 생겼으며, Milanese torte는 두꺼운 모양, Bolognese는 얇은 모양이었고, 나폴리에서는 위를 반죽으로 덮지 않고 구워서 피자의 전신이 되었다. 르네상스 시기에 버터를 넣은 반죽으로 Torte 위를 덮어 구운 것이 등장했다. 이와 같이 수많은 종류의 파스타와 Torte는 이탈리아 요리를 대표하게 되었다.[78]

6) 17~18세기: 외국의 영향

무역과 상업이 빠르게 발전하였지만 농업과 가공업은 과거와 비슷하여 생산량이 부진했다. 1620년경 유럽을 강타한 불경기 때 심한 인플레이션과 기근, 감염병의 확산으로 인구가 크게 감소했다. 침체된 상황 속에서 이탈리아 요리는 지방의 전통이 더 강조되었다.[63] 일반적으로 감자를 돼지의 먹이로 여겼었지만, 18세기의 심각한 기근으로 감자를 먹도록 공식적으로 홍보하여 농부들이 감자를 받아들였다. 감자와 쌀, 옥수수, 토마토 같은 식품을 널리 도입한 이후 기근이 완화되었다.[76]

오랫동안 파스타는 비싼 음식이었고 1501년에도 빵보다 3배 비쌌다. 16세기에 시칠리 인을 마카로니를 먹는 사람이라고 하였다.[29] 그러나 17세기에 파스타가 이탈리아 인의 식사에서 위치가 변화되었다.[76] 1630년대 나폴리는 인구 증가와 정치적 경제적 위기로 식품이 부족했지만 스페인 통치자가 식품을 공급해주지 못했으므로 특히 고기가 부족했다.[29] 이런 상황에서 마카로니 제조를 위해 큰 반죽통과 기계적인 압축법이 도입되어 마카로니와 다른 종류의 파스타 가격이 과거에 비해 상당히 저렴해졌다. 나폴리의 가난한 도시인들의 식사에서 파스타는 중요한 위치를 차지하였다. 그래서 18세기에 나폴리인들도 마카로니를 먹는 사람으로 알려지게 되었다.[76]

13~19세기 동안 치즈만을 얹었던 마카로니 치즈는 전통적인 음식이었던 고기와 양배추를 대신하게 되었다. 그 결과 고기섭취가 감소하고 곡류가 고기를 대체하게 되었다. 1830년에 파스타에 토마토소스를 사용하게 되면서 더욱 인기 있었고, 파스타의 재료인 듀럼밀은 오래 저장할 수 있어서 파스타는 유럽인의 음식에 중요한 자리를 차지하게 되었다.[29]

오스트리아의 지배를 받던 북부의 포강 평야에서 토지 사유화가 허용되면서 토지 이용의 효율성과 생산성이 증가하여 산업발전의 기초가 되었다. 사유화로 토지 이용권을 박탈당한 소작농은 생산 활동이 있는 곳으로 이사하였고 새로운 산

업제품을 구입하게 되어 산업생산이 더욱 촉진되었다.[63]

남부의 교황 영토와 스페인 섬령지에서 소작농은 심하게 착취되었고 생산량이 제한적이어서 경제가 침체되고 산업 활동의 성장도 제한되었다.[63]

새로운 중산층 자본가에 의해 요리 미각이 발전하여 전통 음식의 단순하고 강한 맛을 즐겼다. 이탈리아가 프랑스의 지배 하에 들어가면서 프랑스의 영향을 크게 받아 프랑스식 접대법이 중산층에게 인기 있었는데, 스프와 애피타이저 → 주요리 → 후식의 순으로 제공하였다. 향신료와 단맛과 짠맛을 지나치게 사용하지 않고 신선한 재료와 간단한 소스로 뚜렷한 풍미를 내는 프랑스식 기호가 이탈리아에 스며들었다.[63] 또한 프랑스에서 17세기 초에 식문화가 빠르게 발전하면서 포크를 사용하기 시작했다.[30]

중산층은 커피와 초콜릿의 유행을 따름으로서 자신의 정체성을 주장했다. 터키 사람에게 커피를 배운 베네치아(Venetians)인이 이탈리아에 처음 커피를 수입했고 16세기 말경 첫 번째 커피집이 등장했으며 17세기에 크게 유행했다. 1521년 헤르난도 코르테스에 의해서 스페인에 처음 도입된 코코아를 이용하여 1580년경 코코아 음료가 스페인 점령지에서 유행했으나 초콜릿의 레시피는 비밀이었다. 그러다가 플로렌스 인이 1606년 초콜릿 레시피를 훔쳐와서 이탈리아에 유행하게 되었다. 프랑스식 유행에 따라 코코아 집이 베니스, 플로렌스로부터 확산되었다. 무슬림에게서 도입하여 12세기에 시칠리 섬에서 완성된 셔벗과 아이스크림도 이탈리아부터 시작하여 유럽에 유행하였다.[63]

7) 이탈리아 통일 이후

이탈리아는 1870년에[63] 사보이(Savoia) 왕국에 의해 통일되었기 때문에 현재도 지역적 특성이 강한 편이다.[72] 통일전쟁으로 남부에 진군한 북부 출신의 군인들이 토마토소스를 넣은 파스타를 좋아했으므로 북부에 빠르게 확산되었다.[63,76] 군인들이 좋아한 커피, 마른 파스타, 치즈도 군인이 가정에 돌아가서 요리했으므로 전체 국민에게 필수 음식이 되었다. 통일 이후 요리사는 지방 전통요리에 더 큰 관심을 보였다.[63]

러시아식 테이블 서비스가 인기 있었는데 전채요리 → 스프나 파스타, 혹은 밥 → 야채를 곁들인 고기나 생선 → 디저트로 구성되었다.[63]

표 3-1 이탈리아, 이집트, 튀니지, 서유럽국가의 주요 열량공급식품[81](kcal/일/인)

나라/식품명	1961	1980	1990	2000	2011
이탈리아					
밀	1183	1120	1064	1069	1033
설탕	242	337	288	293	274
올리브유	221	253	297	312	282
유제품(버터 제외)	183	271	286	275	287
소고기	84	148	155	139	117
이집트					
밀	662	1034	1205	1090	1169
옥수수	443	462	542	581	604
도정쌀	236	277	324	426	414
설탕	123	257	313	299	303
대추	52	35	39	58	66
튀니지					
밀	1246	1599	1645	1592	1632
설탕	233	260	272	275	343
올리브유	163	161	93	145	75
유제품(버터 제외)	71	94	115	161	159
채소류	40	63	63	58	87
서유럽					
밀	635	583	571	617	709
설탕	328	365	339	372	371
유제품(버터 제외)	286	315	333	331	351
감자	225	154	142	139	123
돼지고기	189	308	290	280	245

출처 : FAOSTAT

모든 가정에서 일요일의 식사는 특별식이 되어서 소연회 같았으며 주중의 음식은 더 간단하고 남은 음식을 활용하는 메뉴를 좋아했다.[63]

프랑스에서 귀족의 몰락으로 더 이상 귀족의 집에서 일할 수 없게 된 요리사나 주방장이 생업으로 레스토랑을 만들었는데 호텔 주변에 등장하여 대규모 관광이 가능하게 하였다.[63]

하층민의 식사는 18세기와 같이 곡류, 두류, 채소가 주요 열량 급원이었고 고기와 생선은 축제때 먹을 수 있는 음식이었다. 북동부와 남부에서 기근과 영양부족이 확산되어 많은 이들이 고향을 포기하고 미국, 캐나다, 남아메리카 등으로 이민을 떠났다. 20세기에 통조림식품과 건파스타가 값이 싸고 편해지면서 신선하고 더 비싼 식재료를 대체하였다.[63]

표 3-1에서 1961년~2011년 기간의 지중해 연안국(이탈리아, 이집트, 튀니지)과 서유럽국가들의 주요 열량공급식품을 보면[81] 밀의 열량공급이 가장 많았다. 1961년 이탈리아와 튀니지에서 주요 식품이 밀, 설탕, 올리브유, 유제품 순위로 비슷한 양상을 보이고 있으며, 이탈리아의 올리브 공급열량이 튀니지나 다른 나라들보다 많았다. 이집트는 밀이 주요 열량 공급원이었고 밀, 옥수수, 쌀의 공급 열량이 계속 증가하고 있으며, 대추의 공급량이 다른 나라보다 매우 많았다. 서유럽국가들은 밀, 설탕, 유제품, 감자, 돼지고기가 주요 열량공급식품이었으며 감자와 돼지고기가 이탈리아보다 더 중요한 열량공급식품이었다.

수 세기 동안 가난했던 지중해의 농부, 어부, 축산민들은 기본 재료로 조리하기 쉬운 음식을 만들어왔으므로 비싸지 않은 재료를 이용한 스튜나 스프의 종류가 많다. 농부의 요리에서 파이, 타트(tarts: 위에 반죽을 씌우지 않고 구운 과일 파이), 오믈렛이 인기가 있었던 이유는 조각을 잘라서 나중에 먹을 수 있게 보관할 수 있었기 때문이었다. 약간의 양념을 얹어 구운 얇은 빵 조각을 주머니에 넣었다가 밭에서 점심이나 간식으로 먹었다.[48]

소수의 재료로 요리해 오면서 정확한 재료의 양과 조리법이 지중해 미각에서 중요해졌다. 또한 똑같은 식재료를 이용해 다르게 조리하는 것을 시도해왔으므로 수백 가지 모양의 파스타가 탄생하였다. 소스는 간단하고 비싸지 않았으므로 페스토(pesto 재료 : 올리브유, 바질, 잣, 마늘)부터 알리오 올리오(aglio e olio 재료 : 마늘과 올리브유)소스까지 다양하다. 모양이 다른 파스타는 소스도 다른 종류를 이용하는데, 조개 모양 파스타(pasta shells)는 걸쭉한 소스나 다진 재료를 넣은 소스를 사용하는 편이다. 지중해 요리사는 진지하고 절약하는 태도를 갖고 식품을 낭비하지 않고 남은 것은 다음 식사에 다시 사용했다. 이처럼 전통 지중해 식사는 소수의 간단한 재료(빵, 채소, 과일, 생선, 올리브유)에 의존하면서 다양한 음식을 만들어 왔다.[48]

전통음식을 만드는 데 규칙(rule)이 형성되어 왔고 요리사와 먹는 사람 모두에게 이 규칙은 중요했다. 특히 지중해의 세 가지 종교인 크리스찬, 이슬람교, 유태교로 인해 규칙이 더욱 중요해졌다. 지금도 무슬림과 유태인은 금기 식품을 지키며 식사 규칙을 엄격하게 지키고 있으므로 종교적 행동으로 식품을 선택하고 있다는 것은 놀라운 일이 아니다. 또한 이민, 식민지, 무역, 관광을 통해 지중해는 오늘날에도 새로운 식품과 조리법을 받아들이고 있다.[48]

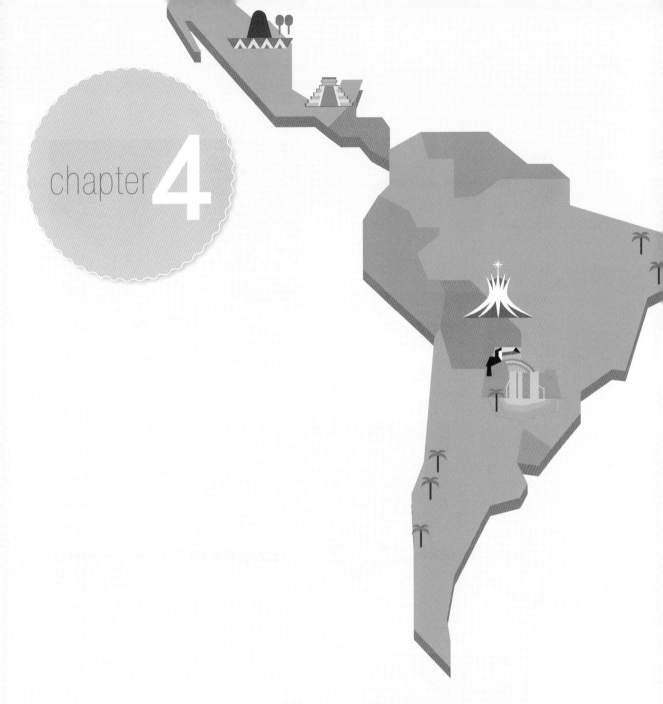

chapter 4

남아메리카와 페루

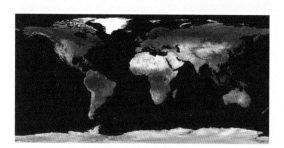

출처: www.dia.gov

페루는 감자의 원산지이며 콜럼버스가 신대륙 발견하기전의 서류 문화권을 대표하는 나라이다. 잉카제국은 페루를 중심으로 콜롬비아, 에콰도르, 칠레까지 이르는 방대한 영토를 소유했었고, 스페인과 포르투갈은 남아메리카를 나누어 수백 년 동안 지배하면서 식문화에 큰 영향을 주었다. 또한 남아메리카의 식품들이 유럽인들을 통해 구대륙에 도입되면서 전 세계 식품공급의 양적 질적 증가가 이루어졌다. 따라서 남아에리카와 페루의 식문화를 이해하고자 한다.

1. 남아메리카

아시아인들이 북아메리카를 통해 BC 16000년경[22] 혹은 BC 1만년[17]경에 남아메리카에 도착했다. 몽골인 조상의 집과 아메리카 인디언의 집이 같은 것을 증거로 들 수 있다. 이외에 BC 1만년과 BC 4천년경에 배를 타고 태평양의 섬에서 이주해 왔다는 주장도 있다.[22,37] 태평양섬 사람들과 남아메리카인의 공통점은 고구마를

그림 4-1 남아메리카 지도[49]

먹는 것을 들 수 있다.[37]

1) 콜럼버스 도착 이전

(1) 농사

표 4-1에 남아메리카에서 재배화된 작물의 연혁을 정리해 보면, 정확한 연대에 대한 학자들의 의견이 다르지만 콩, 카사바, 고추, 땅콩, 호박(pumpkin), 퀴노아(quinoa), 감자, 고구마의 순으로 재배화되었고, 대부분 페루지역에서 이루어졌다. 남아메리카 고지대의 기후 때문에 땅속에서 재배하는 감자, 카사바(= manioc, yuca), 고구마, 땅콩이 가장 가치 있는 작물로 여겨졌다.[22]

카사바는 저지대 열대지역부터 6,000m의 고지대에서도 재배 가능했다. 기근에도 잘 자라고 시안(cyanide)을 함유하고 있어서 해충이나 동물들이 먹지 않았다.[22] 그러나 남아메리카인들은 껍질을 까서 하룻밤 동안 물에 담근 후, 갈아서 체에 받친 후 건더기는 말려서 빵(casabe)을 만들고, 쓴맛의 즙은 끓여서 소스의 재료로 사용했다.[1,37] 건조한 카사바의 건더기는 수년간 보관이 가능했으므로[22] 구황식품이 되었고[37] 대서양과 카리브 해안, 남아메리카의 북부지역에서 많이 이용되었

표 4-1 남아메리카에서 재배화 된 작물의 연혁

작물명	연도	장소
콩	BC 10,000[22]	페루
카사바	BC 9,000[22], BC 2,500~BC 2,000[23]	브라질, 에콰도르, 베네수엘라
고추	BC 8,500[91]	
땅콩	BC 6,000~BC 5,000[22]	파라과이와 브라질의 국경
호박 (pumpkin)	BC 6,500~BC 4,500[22]	페루
퀴노아	BC 5,000~BC 4,000[17]	안데스지역
감자	BC 4,000[21]~BC 3,000[17] BC 8,000~BC 6,000[37], BC 7,000[22]	페루
고구마	BC 2,500[23], BC 12,000[22]	페루

고[1)], 16세기의 브라질에서는 가장 중요한 주식이었다. [22)]

BC 12000년경 칠레(chile) 남중부의 수렵 채집인에게 야생감자는 중요한 식품이었다. 감자는 중앙 안데스 티티카카(Titicaca) 호수 지역에서[21,22)] BC 4000년~BC 3000년경 재배화가 이루어졌다. [17,21)] 그리고 고추(chili pepper)와 토마토(tomatoes), 파인애플, 파파야, 타로(taro)도 남아메리카가 원산지이다. [22)]

옥수수는 BC 3,200년[17)]~BC 3,000년경[23)] 멕시코로부터 안데스지역에 전파되었다. 콜럼버스 도착 이전의 원시농업은 화전 농업으로 뾰족한 나무로 구멍을 파고 거기에 작물을 심었으며 쟁기가 없었다. 산등성이에 개발한 계단식 땅을 안데스(andes)라고 하였고 옥수수, 감자를 심고 최상의 품종을 찾고자 했다. [37)]

(2) 가축

콜럼버스 도착 이전의 가축화된 동물은 개, 라마(llama), 알파카(alpaca), 기니픽(Guinea Pigs, Cuy), 머스코비 오리(muscovy duck) 등이다. 야생 과나코(guanaco)

그림 4-2 에콰도르의 기니픽(촬영 : 김예진)

그림 4-3 퀴노아[82)]

그림 4-4 머스코비 오리[92)]

는 라마의 선소이며 가죽, 털, 뼈를 이용했다.[37] BC 5000~BC 4000년경 주닌 (Junin basin)에서 라마를 가축화하고 짐을 나르게 했다.[16,17] 라마와 알파카의 털과 고기를 이용했으며 라마의 고기를 성스러운 것으로 여기고 염장 건조 시켜 육포(charqui, 차르키)를 만들고 라마의 대변은 말려서 연료로 사용했 다.[37]

페루 북부의 높은 산에는 짐승이 살기 어려워 기니픽을 기른다.[16] 기니픽은 중앙 안데스지역에서 BC 4500년경 가축화되었으며[17] 날카로운 앞니를 가진 설치류로 작은 토끼와 비슷하며 아마존 열대지역부터 추운 고지대 안데스 고원지대에서 기르고 있다. 번식력이 좋아서 남아메리카 농부들에게 중요한 단백질의 급원이 되므로 귀하게 생각했으며, 에콰도르와 페루에서 지금도 먹고 있다.[37] 식용 기러기인 머스코비 오리는 고기가 맛이 있었다.[22]

2) 콜럼버스 도착 이후

콜럼버스(1451~1506)는 1498년의 세 번째 신대륙 항해에서 남아메리카 대륙을 발견했고[93], 1507년 독일의 지도 제작자인 Martin Waldseemüller가 지도에 America로 표기하면서부터 America라는 단어가 사용되기 시작했다.[37]

남아메리카 영토점령에 대한 스페인과 포르투갈의 분쟁이 커지자, 스페인은 서쪽을, 포르투갈은 동쪽을 차지하기로 협정을 맺었다. 그 결과 남아메리카의 동쪽에 있는 브라질은 포르투갈어를 사용하게 되었고, 이외의 지역은 스페인어를 사용하게 되었다. 유럽 여성들의 남아메리카 이주가 적어서 유럽인과 원주민이 혼인하였고 그 자손들이 증가했다.[37]

아메리카에 거주하는 유럽인들은 유럽의 가축과 작물을 도입하여 식량이 풍부했으므로 유럽인들의 아메리카 이주는 더 가속화되었다.[94] 또한 신대륙으로 이주한 사람들과의 무역을 위해 시장이 새로 탄생하였으므로 유럽의 산업도 크게 발전하게 되었다.

유럽은 인구의 증가로 농사할 땅과 일자리, 식량이 부족했으므로, 1830년부터 대대적인 신대륙이주가 시작되어서 1851~1960년까지 약 4500만 명이 아메리카로 이주했고 이 중 3,400만 명은 미국으로 이주했다. 그 결과 1950년대 미국인구의 85%이상의 조상이 유럽인이었다.[94]

(1) 유럽 식품의 아메리카 도입

가. 가축의 도입

1493년 콜럼버스가 두 번째로 아메리카에 왔을 때 말, 개, 돼지, 소, 닭, 양, 염소를 유럽에서 도입하였고 1500년까지 대부분의 유럽의 가축이 신대륙에 도입되었다. 유럽인들이 인디언에 비해 우세한 힘의 근원은 개, 말, 총기류이었다.[94]

유럽 가축에 의한 질병의 전파와 잔인한 개발로 인하여 인디언의 인구가 감소했고 이와 함께 라마와 알파카의 숫자도 급격하게 감소했다. 유럽 가축들을 담장도 없이 길렀으므로 인디언들의 농작물을 크게 훼손시켰고, 농작물 위주의 식사를 하던 인디언들은 이로 인해 굶주리게 되고 면역력도 감소하였다.[94]

인디언들은 유럽 가축들을 자신들의 가축보다 우월하게 여겼으므로 자신들의 생활방식을 바꾸지 않고 도입 가능한 작은 동물(유럽의 개, 고양이, 돼지, 닭)들을 빠르게 수용했다. 메소아메리카와 페루의 인디언들은 이미 유목생활을 해왔으므로 말, 소, 양과 같은 유럽의 가축을 쉽게 수용할 수 있었다. 그 결과 17세기 말기에 파라과이, 볼리비아, 북부아르헨티나의 차코 대평원 지역에서 살던 차코(Chaco)족은 대부분 양치는 목동이 되었다.[94]

돼지 : 남아메리카에 약 1509년경에 도입되었으며 기르기 쉽고 빠르게 번식했으므로 중요한 가축이 되었다. 신대륙에 도입된 돼지는 옥수수, 카사바, 열대과일을 먹어서 육질이 더욱 좋아졌으므로 유럽산 돼지고기보다 맛이 있었다. 남아메리카 대륙에서 올리브 나무가 적어 올리브유의 생산이 어려웠으므로 돼지기름을 사용했다. 스페인과 포르투갈인 들이 돼지고기로 소시지와 냉육(cold meat)을 만드는 방법을 가르쳐서 아마존유역을 제외한 남아메리카 전체에서 소시지와 냉육을 먹게 되었다.[37]

소 : 1520년대 콜롬비아와 베네수엘라, 1530년대에 에콰도르와 페루와 나머지 지역에까지 도입되어 17세기에는 남아메리카 전체에서 소를 기르게 되었다. 18세기 말 스페인인과 포르투갈인 들은 수백만 마리의 소를 방목하였고 가죽과 기름을 주로 판매하였다. 가죽은 유럽에 수출되어 갑옷, 컵, 남자바지, 로프를 만드는데 사용되었고, 기름은 아메리카 대륙주민과 광산 램프의 기름으로 사용되었다.[94]

가죽과 기름을 떼어낸 소의 도체가 너무 많아서 들판에 버릴 정도이었으므로 신선육만을 먹고, 다른 부분은 염장하여 육포를 만들었다.[37] 따라서 16세기의 가장 싼 식품은 소고기이었고 식민시대와 독립기에도 소고기의 가격은 싼 편이었다. 그 결과 식민 시대부터 고기가 기초인 식사(meat based diet)가 식습관이 되었고[1,37] 고기가 빠진 식사는 식사가 아니라는 생각이 지금도 널리 퍼져 있다.[37]

말 : 유럽에서 도입한 돼지와 소의 증식이 빠른 것에 비해 말의 신대륙 적응과 번식속도는 느렸다. 아메리카 인디언들은 말처럼 크고 빠른 동물을 본적이 없었기에 말을 무서워했으므로 유럽인들이 정복전쟁을 하는데 중요한 동물이었다.[94]

염소와 양 : 1520년경에 카리브해 해변에서 염소를 많이 기르게 되었다. 염소의 가죽을 이용했지만 소, 돼지, 양보다 중요하지 않았다. 그러나 환경에 잘 적응했기에 건조지대에서 가장 중요한 단백질의 공급원이 되었다. 양은 털과 가죽 및 고기를 제공하므로 소보다 소중하게 생각했다. 남아메리카에 도입하여 안데스 지역에서 길렀으며 리마에서 1530년대에 양을 기르고 있었다.[37]

닭 : 남아메리카에 도입한 닭은 포식동물들의 공격을 받았지만, 원주민들은 닭을 쉽게 받아들이고 길렀다. 또한 정복자들에게 세금을 내기 위해서 닭을 길렀으므로 대륙전체에 닭의 사육이 확산되었다. 닭에게 옥수수를 먹여 키웠고 계란은 유럽식 음식을 위한 중요한 재료가 되었으며[37] 원주민들은 스페인사람에게서 받은 가장 좋은 것이라고 생각했다.[94]

개 : 콜럼버스 이전에 아메리카에도 개가 있었지만, 정복자들이 가져온 개가 훨씬 크고 사나워서 인디언들은 이 개를 늑대처럼 두려워했다.[37]

나. 농작물의 도입

콜럼버스는 1493년 2차 아메리카를 항해할 때 수백 명의 유럽인과 함께 밀, 포도와 올리브 나무, 사탕수수, 병아리콩(chick peas), 채소와 과일 등을 가져왔다. 초창기의 밀과 포도나무, 올리브 나무의 재배는 힘들었으므로 유럽인들은 밀빵을 좋아했지만, 밀을 구하기 어려워서 서서히 아메리카의 식품에 적응해갔다.[94]

유럽에서 가져온 컬리플라워, 양배추, 무, 양상추, 멜론은 잘 자랐고 1516~1520년 지중해의 카나리아(Canaries)에서 가져온[37,23] 바나나의 재배는 성공적이었다. 그 결과 아메리카의 유럽인은 인디언들의 주식을 먹었지만 후식은 유럽과 동일한 과일을 먹을 수 있었다. 스페인 사람들이 남아메리카에 쟁기를 도입하였고, 소가 끌게 하여 농업 생산성이 증가했으며[37] 유럽으로 수출하기 위해 설탕, 쌀, 커피, 담배, 목화를 대량 재배하였다. 광산을 통해 이익을 얻었지만, 사탕수수 농장주인 영국인의 소득은 본국인에 비해 약 20배의 소득을 얻었을 정도로 대규모 농업을 통해 더 큰 부를 얻었다. 스페인인들은 문명인의 식사재료는 빵, 포도주, 올리브유라고 생각했으므로[94] 이들을 신대륙에서 재배하기 원했다.

밀과 쌀 : "스페인인은 먹는다면 빵을 먹고, 마신다면 포도주를 마신다"라는 말이 있을 정도로 빵과 포도주는 중요했다. 스페인인은 페루의 고지대에는 밀을, 저지대에 쌀, 사탕수수, 바나나를 재배시켰다.[94]

포도와 올리브 : 페루에서 포도나무가 잘 자라서 오늘날 페루와 칠레지역에서 다량의 포도주를 생산하게 되었다. 스페인인은 건조한 지중해와 비슷한 기후인 페루와 칠레의 해안에 1560년 올리브 나무를 도입하자 잘 자랐다. 그 결과 남아메리카의 건조한 태평양 해변에서 올리브산업이 빠르게 성장했다.[94]

사탕수수 : 15세기의 사탕수수는 스페인의 카나리아 섬과 포르투갈의 대서양 섬에서 재배되는 작물이었으나 콜럼버스가 1493년 사탕수수를 도입했다. 스페인인들은 햇살이 뜨겁고 비가 충분한 곳이면 사탕수수를 심어서 스페인 점령지 대부분, 즉 멕시코의 걸프 만부터 남아메리카까지 심었다.[94] 사탕수수로 설탕과 럼주를 만들었으므로 아메리카에서 럼주가 널리 이용된다.[1] 포르투갈은 브라질에서 대규모 사탕수수를 재배하여 브라질은 16세기에 설탕의 최대 생산국이 되었다.[94] 농장에 사탕수수 착즙기, 코코아와 커피 가공기계 등도 설치하였고 대규모 농장은 인구의 중심이 되었고 큰 힘을 소유하고 있어서 브라질은 농장을 중심으로 도시가 형성되었다.[37]

설탕의 판매를 통한 막대한 수익을 지켜본 영국과 프랑스도 17세기에 사탕수수 재배에 뛰어들었고, 이들로 인해 브라질의 설탕경제는 쇠퇴하게 되었다.[94]

커피 : 1700년대 프랑스인 가브리엘(Gabriel M.D.)이 유럽에서 서인도제도에 커피나무를 도입했고 이 시기에 브라질에도 커피나무가 도입되어 브라질과 콜롬비아는 커피의 주요 생산국이 되었다.[1]

(2) 유럽의 아메리카 식품 도입

17세기와 18세기에 유럽은 소빙하기이었다. 작물의 재배가 어려웠고, 흑사병에서 회복되면서 인구가 급격하게 증가하여 식량이 부족해지자 아메리카의 식품들을 수용하게 되었다.[22] 아메리카의 작물 중 유럽에서 중요한 역할을 한 것은 옥수수, 감자, 콩, 토마토이다.[94] 스페인인 꼬르떼즈는 16세기 초 멕시코에서 코코아를 처음 보았는데, 당시 멕시코 인디언은 코코아를 신의 음료라고 평가하고 있었다.[95] 코코아는 1521년 꼬르떼즈가 스페인에 도입하였고[91], 카사바는 북위 30°~남위 30°범위에서 주로 재배되었다.[94]

가. 옥수수

콜럼버스가 1493년 옥수수를 포르투갈에 가져왔다.[22,94] 옥수수는 쌀이나 밀을 재배할 수 없는 기후에서도 잘 자라며, 밀의 재배지에서 재배가 가능했고 단위면적당 생산량은 밀의 2배이지만[94] 질병 저항성도 좋았고 노동력은 적게 들었다.[22] 16세기와 17세기 유럽의 여러 곳에서 옥수수를 재배하여,[94] 사람과 가축의 식품이 되었다. 겨울에도 옥수수로 가축을 먹일 수 있어서 가축의 사육에 유익했다.[22] 17세기 말경 주식으로 자리 잡았고 18세기 프랑스 남부지역 주민의 식사에서 기본 식품이 되었다.[94]

옥수수를 많이 먹지만 동물성 식품을 거의 먹지 않았던 유럽의 가난한 사람들에게 니아신 결핍에 의한 펠라그라가 유행했다.[22]

나. 감자

1539년 스페인으로 귀국한 헤르난도 피자로가 페루에서 감자를 가져왔다.[22] 추운 겨울과 비오는 여름에 재배 가능한 유럽 작물은 귀리뿐이었지만 수확까지 10개월이 걸렸고 수확하여 창고에 보관해야 했으므로 세금을 내야 했다. 감자는 3~4개월이면 수확 가능했고, 땅 속에 둔 채 필요할 때 꺼내어 먹으면 되었으므로 세금도 내지 않았고 전쟁 시에 군인들에게 약탈당하지도 않는 장점이 있었다.[22][63] 게다가 토질이 나쁘거나 약 3,000m의 고도에서도 재배 가능하며, 작은 자투리땅에서도 재배할 수 있었으며, 단위면적당 생산량이 밀보다 여러 배 많았다.[94]

그러나 스위스의 식품학자 Caspar Bauhin이 16세기 말경 감자가 한센 병을 일으킨다고 하였고, 땅 속에서 열매를 맺기 때문에 악마의 열매라고 생각한 유럽인들은 감자를 먹는 것을 두려워했다.[22] 그러므로 옥수수에 비해 감자의 유럽 정착에는 더 많은 기간이 소요되었다.

30년 전쟁(1618~1648)으로 유럽의 농업이 파괴되었으므로, 감자를 구황식품으로 받아들였고, 네덜란드, 영국과 아일랜드도 감자를 수용했다.[22] 16세기 말 아일랜드에 도입된 감자는 아일랜드의 차갑고 축축한 기후와 푸석한 땅에서도 잘 자랐다. 감자로 식량이 풍부해지자 1754년 3백 2십만 명이었던 아일랜드의 인구가 1845년 8백 2십만 명까지 증가했다. 그러나 감자입마름병(potato blight)이 발생하여 최악의 기근이 와서 사망하거나 이주(1846년 1백 7십5만 명)하여 1851년 인구는 6백 5십만 명으로 감소했다.[94]

감자에 대해 입소문이 나쁠지라도 헝가리(1772년), 프랑스와 러시아 정부도 감자재배를 장려했다.[94] 프랑스의 마리 앙뜨와네뜨는 감자재배 장려를 위해 머리에 감자꽃 장식을 사용하기도 했다.[22]

유럽에서 산업화가 진행되고 인구가 도시로 집중되면서, 18세기와 19세기 영국의 소작농과 노동자와 19세기 추운 지역의 유럽인들에게 감자는 필수 식품이 되었다. 1838년과 1839년의 흉작 이후에 감자가 중앙러시아에서 주요 작물이 되었고, 1900년대에 러시아는 세계 최대의 감자 생산국이 되었다. 남아메리카에서 유럽으로 왔던 감자는 200년만인 1781년에 다시 아일랜드 감자라는 이름으로 북아메리카의 미국에 도입되었다.[94]

다. 가축

유럽에 도입된 남아메리카의 가축은 기니픽, 머스코비 오리였으나 유럽인들은 기니픽을 도입한 것은 실수라고 생각했다.[94] 유럽인들도 머스코비 오리의 고기를 좋아해서 17세기에 프랑스에서도 기르기 시작했다. 특히 간이 맛있어서 프랑스의 낭뜨(Nantes) 오리와 교배한[57] mulard duck을 기르게 되었다.[22]

(3) 아프리카의 아메리카 식품 도입

유럽 정복자들이 아메리카 원주민에게 고된 노역을 시키고 유럽인들의 질병을 감염시켜 많은 사람이 죽었으므로 노동인력을 보충하기 위해 아프리카인들을 노예로 데려왔고[57] 90% 이상이 아메리카의 열대지역으로 왔다.[94]

포르투갈이 아프리카인들을 브라질로 데려가는 노예선의 식량 공급을 위해 서아프리카에 아메리카의 작물들을 재배하게 했다.[22] 열대지역은 남아메리카와 위도가 같아서 아메리카의 작물도입이 유럽보다 쉬웠다. 또한 아프리카가 원산지인 작물의 숫자가 유럽보다 적었으므로 아메리카에서 도입한 식품의 중요성이 유럽보다 더 컸다.

아메리카에서 도입한 식품 중 옥수수와 카사바가 가장 중요한 작물이 되었고, 땅콩, 호박, 고구마, 타로, 구아버, 고추(chilli pepper)도 재배하였다. 사하라 이남의 아프리카는 얌, 조, 수수, 쌀을 주로 재배했었으나, 조 대신 옥수수를, 얌 대신 카사바를 재배하게 되었다.[22] 남아메리카에서 서아프리카에 도입한 타로(taro)는 coco yam으로 불리고 있고 "fufu"요리의 재료가 되었다.

1498년 바스코 다가마(Vasco da Gama)에 의해 인도와 아프리카에 고추가 도입되었다.

가. 옥수수

아프리카에서 아메리카로 오는 노예선의 식량으로 쉽게 상하지 않는 옥수수가루가 좋았으므로 16세기 중·후반기에 서아프리카의 옥수수 재배가 시작되었다. 열대우림지역에서 조의 생산량이 옥수수보다 적었으므로 조 대신 옥수수를 심었고 빠르게 확산되었다.[22,94] 1900년경 아프리카 대부분의 지역에서 옥수수 재배를 볼 수 있었으며 동부와 중부의 열대지역 아프리카에서 옥수수는 주식이 되었다.[94]

나. 카사바

아프리카에 도입된 카사바는 해충에 대한 내성이 있고, 어떤 토양에서도 잘 자라고, 단위면적당 생산량도 커서 농부들의 사랑을 받게 되었다. 그러나 카사바의 해독과정에 대한 무지와 불신 때문에 옥수수보다 전파 속도는 느렸다. 20세기 중엽 사하라 남부지역과, 에티오피아, 짐바브웨에서 주식이 되거나 중요한 식품이 되었고[94] 얌 대신 카사바를 심었다.[22] 포르투갈인들이 16세기에 콩고와 앙골라에, 18세기에 모잠비크에 카사바를 도입했다.[94]

16세기에 중동지역에도 옥수수와 아메리카의 식품이 도입되었고, 중동지역은 아메리카 식품의 전파에 중요한 역할을 하였다. 옥수수, 감자, 고구마를 도입한 유럽, 아프리카, 아시아는 식량 생산량이 증가하였고, 인구증가에도 도움이 되었다.[94]

(4) 유럽 이주민의 식사

남아메리카 대륙으로 이주해온 유럽인들은 지중해식 식사 유형과 중부 유럽 식사 유형을 가진 사람들로 구분할 수 있다.[37] 지중해식 식사 유형의 주요 식재료는 올리브유, 전곡류(whole grains), 포도주, 신선한 과일, 채소류이다. 반면에 소와 양의 사육을 위주로 하는 중부 유럽의 사람들은 고기, 우유, 버터, 양배추와 근채류(root vegetables) 등을 주로 사용한다.[96] 지중해식 식사 유형은 채식 위주로 식물성인 올리브유를 사용하지만, 중부 유럽 식사 유형은 육식을 기초로 하며 동물성인 버터와 라드를 주로 사용하는 측면에서 차이가 있다.[37]

그러나 이들의 공통적인 식사 형태는 기독교 성찬과 관련된 음식인 밀과 포도주였다. 유럽에서 온 정복자들은 당근 같은 근채류, 마늘, 양파, 샐러리, 양배추, 시금치, 호박, 감귤류, 석류, 복숭아, 올리브, 콩, 쌀, 향신료, 돼지고기, 소고기, 양고기, 염소고기, 가금류를 먹었다.[37]

(5) 남아메리카 원주민의 식사

남아메리카 원주민의 식사는 감자, 옥수수, 카사바, 콩, 고기를 기초로 하였고 단맛을 위해 꿀을 사용했다. 안데스 산악지역에서는 암염을, 해안가에서는 천일염을 사용했다.[37]

요리를 위해 불을 사용했으며, 나무위에서 구워 훈제품을 만들었다. 불씨 위에서 익히거나, 진흙그릇을 사용했고, 뜨겁게 달군 돌더미 속에 나뭇잎으로 싼 식품을 넣어 익히기도 했다. 안데스 고원지역에서는 동결건조방식으로 고기, 감자, 과일 등을 저장했다. 조리 용구는 바구니, 돌칼(그림 4-5), 숟가락(그림 4-6), 절구, 나무강판, 말린 호박이나 과일로 만든 그릇, 도자기 등이 있었다.[37]

인디언들은 식탁을 사용하지 않고, 땅바닥에 앉아서, 나뭇잎 위에 그릇을 놓고 식사를 했다. 식사를 하는 동안 대화를 하지 않았고, 물도 먹지 않았다. 안데스 지역은 하루 세 번 식사를 했고, 열대지역의 부족들은 하루에 두 번 식사를 했다.[37]

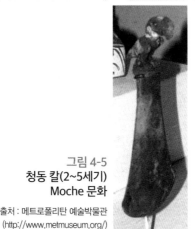

그림 4-5
청동 칼(2~5세기)
Moche 문화
출처 : 메트로폴리탄 예술박물관
(http://www.metmuseum.org/)

그림 4-6
나무숟가락(6~9세기)
Wari 문화
출처 : 메트로폴리탄 예술박물관
(http://www.metmuseum.org/)

원주민이 이용한 또 다른 주식은 옥수수였다. 옥수수 빵(arepas)을 만들려면, 옥수수 알갱이들을 떼어내어 말리고, 끓이고 갈아서 작고 납작한 원형 반죽을 만들어 불씨 위에 놓아 구웠다. humita는 신선한 옥수수를 옥수수 잎으로 싸서 끓여서 만든 것이며 치차(chicha)는 옥수수 알갱이를 발효하고 갈아서 만든 술이다.[37]

인디언들은 옥수수보다 밀에서 장점을 찾지 못했으므로 밀을 수용하는 속도가 느렸다.[94] 이들은 전통적으로 균형 잡힌 식사를 했고 건강했었으나 정복당한 이후에 식품을 자유롭게 이용할 수 없게 되어 굶주리게 되었다.[37]

(6) 아프리칸의 식사

아메리카에 다른 문화를 갖고 있는 아프리칸의 등장으로 모습과 피부가 다양한 인구가 증가하게 되었다. 16세기 중반부터 19세기 중반까지 브라질에 끌려온 아프리칸이 약 4백만 명, 스페인 점령지에 끌려온 아프리칸은 약 2백 5십만명 이었다.[37] 1850년까지 약 8백만~1050만 명의 아프리칸들이 아메리카 노예로 끌려와서[94] 이들의 총 인구는 남아메리카로 이주한 유럽인의 인구보다 많았다.[37]

아프리칸들은 야채를 주로 먹었고 생선도 상당량 먹었으나 고기를 중요하게 생각하지 않았으며 양과 염소를 소보다 우월한 고기라고 생각했다. 이들은 조(millet), 수수(sorghum), 야생벼, 얌, 콩, 호박, 가지, 양배추, 오이, 양파, 마늘, 멜론, 수박, 대추, 무화과, 바오밥나무 열매, 석류, 레몬, 오렌지를 주로 먹었다. 꿀을 감미료로 사용했고, 약간의 사탕수수, 소금과 후추, 생강으로 양념을 했고 팜유, 마가린, 참기름을 사용했다.[37]

아프리칸들의 식사도구는 간단하게 갈돌, 갈판, 말린 호박으로 만든 그릇, 나무 그릇과 나무 수저, 철제 칼, 염소가죽으로 만든 곡식주머니를 사용했다. 식사할 때 땅에 앉아서 땅 위에 놓은 나뭇잎 위에 음식그릇을 놓고 먹었다. 유럽인들은 아프리칸의 식사가 영양이 좋아서 건강하고 일을 잘한다고 생각했다.[37]

남아메리카에 콜럼버스가 도착하고 500년 이상을 지나면서 남아메리카인, 유럽인, 아프리카인을 중심으로 생물학적 문화적 결합이 이루어졌다. 또한 다양한 음식문화의 결합은 식민지 기간 동안 더 강하게 이루어졌다. 그러나 지금도 남아메리카의 식습관은 변화하고 있다. 그 이유는 이민자의 증가, 미국식 생활 방식에 관련된 식습관의 전파 때문이다.[37]

2. 페루

남아메리카에서 대부분의 작물의 재배화가 이루어진 페루에 대해 살펴보고자 한다.

1) 국가 개요

국토 면적은 약 129만 ㎢로서 한반도의 약 6배의 넓이이다.[97] 해안지대 10%, 안데스 산악지대 27%, 아마존 등 정글지대 63%가 분포한다. 해안지대는 온난다습하고, 산악지대는 하계에는 아열대성, 동계에는 한랭기후이며, 정글지대는 열대성 기후로 고온다습하다.[98]

인구는 2015년 7월 약 3000만 명이며[16], 원주민 인디언 45%, 메스티소(원주민과 백인의 후손) 37%, 백인 15%, 흑인과 일본인 및 중국인 등 3%로 구성되어 있다. 언어는 스페인어(84.1%)가 공식어이며, 케추아(Quechua)어(13%)와 원주민 언어도 일부 사용한다. 주된 종교는 가톨릭교 81.3%, 개신교 12.5%, 무교 및 기타 6.2%이다.[49]

그림 4-7 **페루 지도**[49]

2) 역사

아시아 대륙에서 온 사람들이 BC 3000년경 페루 지역에 도착했고, 목화와 옥수수를 키우며, 산악지대에서는 감자와 곡류(grains)를 길렀다.[16] 페루의 고대역사는 해안 저지대와 고원지대로 분류하여 볼 수 있다.

(1) 해안 저지대 문화

남부 해변의 Paracas 문화(BC 1100~BC 200, 그림 4-8), 동쪽 해변의 Nazca 문화(100~700, 그림 4-9), 비슷한 시기에 북부 해변은 Moche(1~AD 800, 그림 4-10~그림 4-12)가 지배했다.[30] 이들은 도로를 건설하고 태양신전을 건축했으며, 보석, 금, 은을 잘 세공했고 그릇도 잘 만들었다. 700년경 식량이 부족해서 Moche가 쇠퇴하자 이때부터 페루의 대부분 지역이 고원지대 Huari 문명의 영향을 받았다. Huari 문명은 리마 남동쪽 500km에 있는 지역이 중심이었다. AD 1000년경 Huari 문명이 쇠퇴할 때까지는 페루에서 Chimu(1150~1450, 그림 4-13) 왕국이 가장 강력했고 북부 해변가의 진흙벽돌도시인 chan chan을 수도로 사용했다. 이 도시의 인구는 3만 명까지 증가했으나 15세기 중반 잉카(Inca)에 멸망했다.[16]

남부해변, Paracas 문화(BC 1100~ BC 200)	동쪽 해변, Nazca 문화(100~700)
그림 4-8 옥수수 조리기구(BC 5~2세기) 출처 메트로폴리탄 예술박물관(http://www.metmuseum.org/)	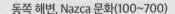그림 4-9 게 그림 그릇(2~4세기) 출처 메트로폴리탄 예술박물관(http://www.metmuseum.org/)

북부 해변, Moche 문화(1~AD 800)	
그림 4-10 감자 모양 병(3~6세기) 출처 메트로폴리탄 예술박물관(http://www.metmuseum.org/)	그림 4-11 옥수수 모양 병(4~7세기) 출처 메트로폴리탄 예술박물관(http://www.metmuseum.org/)

북부 해변, Moche 문화(1~AD 800)	Chimu(1150~1450) 왕국
그림 4-12 squash 모양 병(4~7세기) 출처 메트로폴리탄 예술박물관(http://www.metmuseum.org/)	그림 4-13 은잔(14~15세기) 출처 메트로폴리탄 예술박물관(http://www.metmuseum.org/)

(2) 고원지대 문화

고원지대 문화는 안데스 3000m 위치에서 Chavin 문화(BC 1200~BC 200, 그림 4-15)가 시작되었고, Pukara(BC 200~AD 400, 그림 4-16), Wari(400~1000, 그림 4-17), 잉카(1000~1532, 그림 4-18~그림 4-20)로 이어졌다.[30] 잉카는 아메리카에서 가장 거대한 왕국인 잉카제국(1438~1532)을 건설했고 수도인 쿠스코는 금과 은이 풍성했다.[16] 1500년경 잉카문명은 콜롬비아와 에콰도르, 칠레의 중북부지역까지 확장되어 있었다. 글자는 없었으나, 숫자를 사용하고 계산할 수 있었다. 잉카의 넓은 영토는 두 개의 주요 도로로 연결되었는데 해안선을 따라 북에서 남으로 연결되는 도로와, 산을 따라 연결되는 도로가 있었다. 방대한 도로 체계로 잉카제국은 중앙과 지방의 연결을 용이하게 했다.[57]

잉카인들은 안데스 산등성이에 계단식 땅을(그림 4-14) 만들고 물을 끌어들여 옥수수, 감자, 콩, 퀴노아 등을 재배했다.[16] 농사기술이 상당히 발전하였으므로 효율적인 곡식 저장과 분배를 하였다.[37] 잉카인들은 옥수수에 비해 감자를 격하시켜서 대중들의 식품으로 이용하였다. 그러나 옥수수를 주로 먹던 사람들에게 유년기의 성장 저하와 빈혈, 나쁜 치아증상이 나타났다.[22]

그림 4-14 아구아스 칼리엔테스(Aguas Calientes)에 있는 마추피추(Machu Picchu) 벽화[49]

Chavin 문화(BC 1200~BC 200)	Pukara 문화(BC 200~AD 400)

그림 4-15 돌숟가락(BC 7~2세기)

출처 : 메트로폴리탄 예술박물관(http://www.metmuseum.org/)

그림 4-16 금장신구(BC 2세기~AD 2세기)

출처 : 메트로폴리탄 예술박물관(http://www.metmuseum.org/)

Wari 문화 (400~1000)	잉카 문화(1000~1532)

그림 4-17 옥수숫대모양 그릇(6~7세기)

출처 : 메트로폴리탄 예술박물관(http://www.metmuseum.org/)

그림 4-18 치차술 병(15~16세기)

출처 : 메트로폴리탄 예술박물관(http://www.metmuseum.org/)

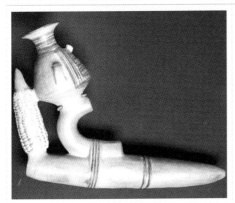

그림 4-19 잉카 목제용기
(14~15세기)

출처 : 메트로폴리탄 예술박물관(http://www.metmuseum.org/)

그림 4-20 잉카 구리 재질 라임 수저
(15~16세기)

출처 : 메트로폴리탄 예술박물관(http://www.metmuseum.org/)

1527년 잉카 황제(Huayna Capac)의 사망 이후 아들 사이의 왕권 쟁탈 내전 중에[37] 스페인의 정복자인 Fracisco Pizarro가 1532년 페루에 도착하였다. 말과 총으로 무장한 스페인 군인들이 1533년 쿠스코를 점령했고 Huayna의 아들인 Manco를 잉카의 허수아비 왕으로 세웠다. 잉카는 스페인에 저항하였으나 1572년 패전했다.[16]

16세기와 17세기에 과중한 노역에 시달리거나 천연두에 감염된 수천 명의 잉카인들이 사망했다. 19세기 초기에 많은 남아메리카의 식민지들이 스페인으로부터 독립했고, 페루는 원주민, 메스티소, 크레올(creole, 페루 출생 스페인 사람)들이 항거하여 1821년 독립을 선언하고 1824년 완전 독립했다.[16]

잉카시대에 페루의 주된 산업은 농업이었으나, 스페인 식민지 시절 광업과 농업이 주산업이 되었고 오늘날 농업, 광업, 어업이 주산업이 되었다.[16]

3) 페루의 음식

안데스와 스페인 음식의 결합으로 크레올 음식이 형성되었다. 스페인인으로부터 볶음(sauteeing)과 튀김 요리법을 배웠고[1] 중국, 일본, 이태리에서 온 이민자들에 의해 더 다양한 음식문화를 갖게 되었다.[21]

페루의 고지대는 퀴노아, 옥수수, 커피, 감자를 주로 재배하고, 라마, 알파카를 사육한다. 추운 고원지대에서 스프와 스튜가 인기 있다.[16] 이 음식을 만들 때 그들이 생산한 모든 것(고기, 옥수수, 당근, 콩, 감자, 고추, 향신료)을 넣고 끓인다. 기니픽은 안데스의 별미이며 특별한 날에 굽거나 튀겨서 먹는다. 안데스에서 감자를 저장하기 위해 동결건조를 하여 츄뇨(chuno)를 만들어서 장기간 보관하고 먹는다.[16]

페루 해안가는 사탕수수, 감자, 밀, 쌀, 옥수수, 올리브, 과일, 야채 특히 아스파라거스를 주로 재배하고[16] 해산물을 먹는다. 생선회인 세비체(ceviche)나 튀긴 생선은 정식요리의 전채 요리로 이용된다.[1]

정글에 사는 원주민들은 야자수 나무와 잎으로 집을 짓고 카사바가 주식이며 수렵을 한다.[16]

감자는 삶은 채로, 혹은 매운 소스(Aji pepper)와 함께, 혹은 치즈와 우유 소스를 곁들여 먹는다. 소심장을 그릴에 구운 안티쿠쵸(anticuchos)를 간식이나 전채 요리로 즐긴다. 땅콩을 소스의 재료로 많이 이용한다.[1]

바나나가 초록색일 때 얇게 썰어 튀긴 칩(chips)을 만들어 전채 요리로 먹거나, 으깨서 밀가루와 혼합하여 바나나 빵을 굽는다. 바나나에 갈색 설탕 소스를 끼얹어 후식을 만드는 것처럼 바나나를 많이 이용하고 있다.[1]

표 2-8에서 2011년 1인 1일 주요 열량공급식품이 쌀, 밀, 감자의 순서인 것을 볼 수 있다.

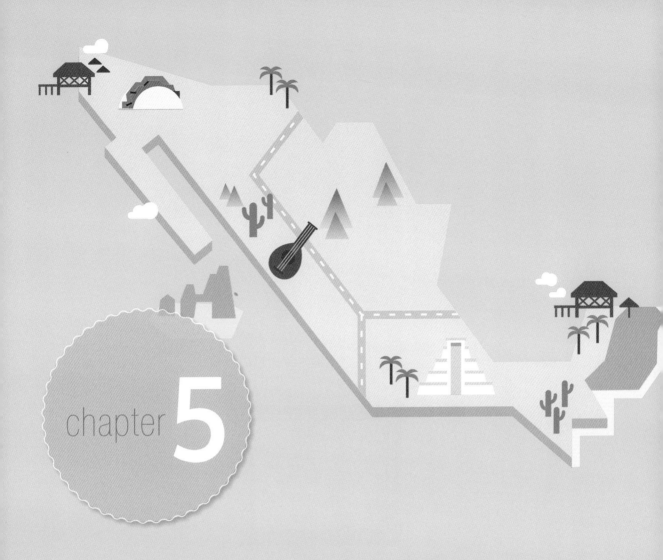

chapter **5**

멕시코

출처 : 메트로폴리탄 예술박물관(www.metmuseum.org)

1. 국가 개요

1) 국토

국토 면적은 196만 4,375㎢로 세계 14위(한반도의 약 9배) 크기이다. 시에라마드레(SierraMadre) 산맥이 남북으로 국토 중앙을 통과하고, 국토의 절반 이상이 고지대로서 해발 평균은 중부 2,600m, 북부 1,200m에 이른다. 멕시코의 큰 강으로는 북쪽 국경의 리오그란데(RioGrande) 강이나 남쪽 국경의 우수마신타(Usumacinta) 강이 있다.[101]

스페인 점령 이전에 멕시코 계곡(valley) 북부의 사막부터 과테말라, 온두라스, 니카라과(Nicaragua) 서부, 코스타리카(Costa Rica)까지 문화가 발전했던 지역을 메소아메리카(mesoamerica)라고 부른다.[102]

2) 기후

기후는 고도에 따라 다양한 분포를 보이는데, 해안지대는 열대성 기후로 연중 고온 다습하고, 중부 고산지대는 우기를 제외하고는 건조한 온대성 기후이며 나머지 국토는 아열대 기후이다. 해발 2,300m에 자리 잡은 멕시코시티는 멕시코의 수도이며, 연중 기온은 통상 5℃~25℃ 사이이다.[101]

그림 5-1 멕시코 지도[49]

3) 인구

인구는 2014년 7월 추정으로 약 1억 2천만 명이다. 원주민과 스페인인의 자손인 메스티소(mestizo) 60%, 원주민 30%, 백인 9%, 기타 1% 로 구성되어 있으며 92.7% 이상이 스페인어를 사용한다. 주요 종교는 가톨릭 82.7%, 크리스천 5%이다.[49]

2. 역사

멕시코의 역사는 스페인 점령 이전, 스페인 점령기와 독립 이후로 구분할 수 있다.[20]

1) 스페인 점령 이전

(1) 고대기

BC 18000년경 아시아에서 얼어붙은 베링 해협(Bering Strait)을 넘어 아메리카대

그림 5-2 페커리[103]

그림 5-3 아마란스[82]

그림 5-4 squash

그림 5-5 pumpkin

류으로 이동했다. 또한 BC 8000~BC 3000년경 아시아로부터 추가로 이주한 사람들도 있었다.[22]

사냥대상은 페커리(peccary), 들소, 거북이, 야생마, 낙타, 매머드 같은 큰 동물이었다.[20] 그러나 BC 11000년경 기후가 따뜻해지고, 지나친 사냥으로 큰 사냥감이 사라졌다.[22] 초원지대가 사막과 열대 정글로 변하자[102] 더 많은 야생 식물과 씨앗을 채집해야 했고, 작은 사냥감인 사슴, 토끼, 땅다람쥐(gopher), 쥐, 거북이, 새를 잡아야 했다.[20]

그 결과 농사를 시작하게 되어 표 5-1에 집계된 것과 같이 호박(squash), 콩, 아마란스(amaranth), 아보카도, 옥수수, 고추(chilli peppers)의 순으로 재배화되었다. 뒤이어 BC 200~AD 700년 동안에 녹색 토마토(tomatillo), 리마콩, 구아버, 지카마(jicamas: 멕시코 감자)를 재배화하였다.[19] 가축화한 동물은 칠면조, 개, 머스코비오리(muscovy duck), 토끼, 꿀벌, 연지벌레(cochineal insect: 선인장을 먹고사는 벌레)가 있었다.[20]

호박은 보관용기와 식품으로 이용되었고 씨앗은 단백질의 공급원이 되었다. 멕시코에서 기원전 1만 년경에 재배화된 호박은 squash(그림 5-4)였고, 페루에서 BC 6500~BC 4500년경 재배화된 호박은 pumpkin(그림 5-5)이었다.[19]

야생 통옥수수는 연필같이 가늘고 1인치의 길이였지만, 재배화되면서 커졌다. 남부 멕시코의 테오티우아칸에서 혹은 BC 5000년경 옥수수를 재배화했다는 증거가 있다.[17,19,20] 1492년경의 옥수수는 200종류 이상이었다.[22]

표 5-1 멕시코에서 재배화된 작물의 연혁

작물명	연도
호박(squash)	BC 11,000~BC 9,500,[22] BC 8,000~BC,7500[19,20,23]
콩	BC 9,000[22]
아마란스	BC 7,500[22]
아보카도	BC 7,000[22]
옥수수	BC 5,000[17,19,20]
고추	BC 3,500[20]
녹색 토마토, 리마 콩, 구아버, 지카마	BC 200~AD 700[19]

또한 노팔(nopal) 선인장, 아보카도, breadnuts, 용설란(maguey) 등을 채집하고 재배하였다. 용설란으로 데킬라(tequila) 술을 만들었고, 마야인들이 '조상의 식품' 이라고 불렀던 breadnuts도 중요한 식품이었다. 초기 아메리칸인 멕시코 계곡의 사람들은 조(millet)의 일종인 setaria와 teosnite를 많이 이용했다.[22]

메소아메리칸의 식사는 기후와 고도, 문화적, 인종적 차이에 의한 차이는 있었지만, 호박, 고추, 콩, 옥수수가 기초가 되었다. 재배화된 식물들은 오랫동안 보관 가능하고 맛이 좋으면서 독이 적은 것 중에서 선택되었다. 이 시기의 식사의 절반은 야생식물과 작은 사냥감, 어패류로 구성되었고, 나머지 절반이 재배된 식물이었다.[20]

(2) 지역별 멕시코 문명

표 5-2와 같이 멕시코 문명은 중부지역, 오악사카(Oaxaca)지역, 남부지역 · 유카탄반도 · 과테말라 지역을 중심으로 형성되었다.

표 5-2 스페인 점령 이전의 지역별 멕시코 문명 연표

연대	중부지역	오악사카지역	남부·유카탄반도·과테말라
AD 1697			↑ AD 1697[102]
AD 1521	↑ 1521	↑ AD 1521	|
AD 1325	↓ 1325 아스텍 왕국	| 미스텍 문명	| 마야문명
AD 1150	↑ 1150 톨텍 문명	|	|
AD 940	|	↓ AD 940	|
AD 900	↓ 900		|
AD 800			|
AD 750	↑ 750	↑ 750	|
AD 200	| 테오티우아칸 문명	|	|
0	|	| 사포텍 문명	|
BC 150	↓ BC 150	|	↓ BC 150
BC 400	↑ BC 400	|	
BC 500	| 올멕 문명	↓ BC 500	
BC 600	|		
BC 1200	↓ BC 1200		

가. 중부지역

올멕 문명(BC 1200~ BC 400)	

그림 5-6 그릇(BC 3세기~AD 4세기)	그림 5-7 수저 펜던트(BC 10~BC 4세기)
출처 : 메트로폴리탄 예술박물관(http://www.metmuseum.org/)	출처 : 메트로폴리탄 예술박물관(http://www.metmuseum.org/)

테오티우아칸 문명(BC 50~AD 750)	

그림 5-8 당시 거주 아파트 벽화(650~750)	그림 5-9 도자기 병(3~8세기)
출처 : 메트로폴리탄 예술박물관(http://www.metmuseum.org/)	출처 : 메트로폴리탄 예술박물관(http://www.metmuseum.org/)

톨텍 문명(900~1150)	아스텍 왕국(1325~1521)

그림 5-10 도자기 플룻(900~1521)	그림 5-11 다리 세 개 그릇(15~16세기 초)
출처 : 메트로폴리탄 예술박물관(http://www.metmuseum.org/)	출처 : 메트로폴리탄 예술박물관(http://www.metmuseum.org/)

올멕(Olmec) 문명(BC 1200~BC 400)[19] : 베라크루즈(Veracruz)와 타바스코(Tabasco)의 열대지역에서 형성되었다. BC 1200년경 베라쿠르즈의 올멕 문명인들은 옥수수, 생선, 패류, 해조류(algae)를 기초로 번성했다. 이들은 옥(jade)과 흑색 자기(그림 5-6)를 사용했으며, 옥수수에 대한 상거래가 상당히 발달하였다.[22] 그림 5-7에서 올멕 문명의 수저 모양 펜던트를 볼 수 있다. BC 600년경 San Jose Mogote 기념비에 새겨진 글씨는 메소아메리카의 최초의 글씨로 알려졌다.[102] BC 400년경 지진 등으로 인한 지형의 변화로 올멕의 도시가 붕괴되었다.[104] 올멕 문명의 많은 요소가 고대 멕시코 문화의 기초가 되었다.[20]

테오티우아칸(Teotihuacan) 문명(BC 150~AD 750) : BC 100년경 화산이 폭발하자 멕시코 계곡의 사람들이 멕시코시티 북동쪽 40km 정도에 위치한[105] 테오티우아칸으로 이주하여 급격하게 발달했다. AD 350년경 테오티우아칸은 메소아메리카에서 가장 중요한 도시로 발전했다.[102] AD 500년경[104] 인구는 십만 명~이십만 명 정도로 증가했고[22], 정치경제·문화적 영향력이 컸으며 당시 북부 아메리카에서 가장 큰 도시국가를 형성했다.[20] 그러므로 테오티우아칸의 멕시코시티의 사람들은 집단아파트에서 생활했다. 그림 5-8에서 당시 아파트의 벽화를 볼 수 있으며 벽화에서 초록색은 옥수수, 물, 비옥한 토지를 상징하는 것이었다. 그림 5-9에서 테오티우아칸의 도자기 병을 볼 수 있다.[30]

옥수수와 콩을 주식으로 먹었고 옥수수를 말려서 저장하고, 가공하여 캐서롤(casseroles), 타말[22](tamal: 옥수수 가루, 고추, 채소, 고기를 넣은 반죽을 옥수수 잎으로 싸서 찐 빵)[108], 또르띠야를 만들었고,[22] 옥수수 인간으로 신전(그림 5-12)을 장식하였다.[105] AD 650년경 대규모 화재, 전염병의 유행[105], 지속적인 가뭄과 식량 부족으로 몰락하게 되었다.[22]

톨텍(Toltec) 문명(AD 900~1150) : 멕시코시티 북쪽 80km의 고산분지에 있는 툴라(Tula)에 수도를 세웠으나 1064년 지진이 발생하여 붕괴되었다.[104] AD 1150년 다른 원주민의 공격과[102] 지나친 인구 증가로 의해 툴라는 멸망했다.[22] 그림 5-10에서 톨텍의 도자기 플룻을 볼 수 있다.

아스텍(Aztec) 왕국(1325~1521) : 메소아메리카 북쪽의 애리조나 사막지역의 유목민이었던 아스텍(Aztecs)족은 남쪽으로 이동하여[105] 1200년대에 멕시코 고산분지의 텍스코코(Texcoco) 호수에[104] 도착했다.[107] 호수 위의 늪지와 두 개의 섬을 연

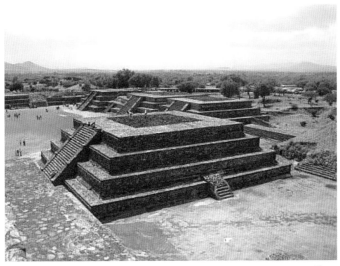

그림 5-12 **테오티우아칸의 달의 피라미드(AD 500~750년 건축)[49]**

결해서 1325년 테노치티틀란(Tenochtitlan)이라는 도시를 건설했고 정복전쟁을 통해 하나의 공동체 왕국을 형성하였다.[105]

이 도시는 화산폭발로 산 정상에 형성된 호수와 그 섬에 건설되었으므로, 식량 생산에 어려움이 있어서, 수경 농경지인 치남파스(chinampas)로 식량을 생산했다.[19] 이것은 깊은 물에 뿌리를 내리는 나무를 기초로 하여 만든 인공 섬으로서 매우 비옥한 터전이었다. 여기에 옥수수, 호박, 콩, 고추, 토마토, 아마란스와 여러 종류의 채소와 꽃들을 재배했고[20,102] 코코아 열매를 화폐로 사용했다. 코코아 열매는 스페인 식민지 시기까지 계속하여 멕시코 지역의 화폐 역할을 하였다.[20] 그림 5-11에서 아스텍 시기의 세 개의 다리를 가진 그릇을 볼 수 있다.

1400년대 중기에 인구가 1만 오천 명까지 증가했고[102] 국토가 확장되어 멕시코만에서부터 태평양까지 확대되었다. 아스텍을 "Mexica"라고 불렀던 것이[105] 멕시코 국가명의 기초가 되었다.[107] 아스텍족은 메소아메리카의 수많은 다른 원주민들을 생포한 후 심장을 꺼내어 제사의 희생 제물로 바쳐서 다른 원주민들의 원망이 컸으므로 이들은 스페인이 아스텍을 침략할 때 스페인과 연합군으로 참전하였다.[105]

스페인인들을 통해 감염된 천연두로 인해 1520년 아스텍 인구의 절반이 죽었다.[104] 1521년 스페인에 의해 멸망할 때까지 약 200년간 메소아메리카에서 가장 강력한 왕국을 세웠으며, 엄격한 계층사회로서 통치자, 사제, 귀족, 군인, 상인, 평

민, 노예의 계층으로 구성되었다.[20]

나. 오악사카(Oaxaca) 지역

사포텍(Zapotec) 문명(BC 500~AD 750)[105] : 올멕의 후손들이 남부 멕시코의 오악사카(Oaxaca)지역에 BC 500년경 사포텍의 수도인 몬테알반(Monte Alban)을 건설하였다. 상형문자와 이십진법을 기본으로 하는 수(數)체계를 사용했으며[104] 사포텍 문명은 AD 200년경이 최고의 번성기였다.[20,102] 그림 5-13에서 사포텍의 목이 긴 병을 볼 수 있다.

미스텍(Mixtec) 문명(AD 940~1521)[19] : 오악사카 지역은 사포텍 문명에 이어, 미스텍 문명의 중심지였으며, 몬테알반(Monte Alban)과 미틀라(Mitla, AD 900~1200년경의 건축)와 같은 유적지를 가진 도시들을 건설했다.[20] 그림 5-14에서 미스텍의 굽다리 그릇을 볼 수 있다.

다. 남부 지역

유카탄 반도·과테말라 지역의 마야(Maya) 문명(BC 150~AD 1697)[102,105] : 사포텍 문명이 발달하고 있을 때[107] 언어와 문화적으로 멕시코 고산분지의 문명과 전혀 다른[105] 마야문명이 마야족에 의해 남부 멕시코, 유카탄 반도(Yucatan) 및 과테말라 지역에서 발달했다.[20] 마야는 70개의 도시들이 각각의 특징을 유지하는 도

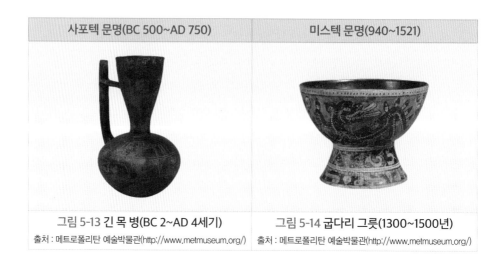

사포텍 문명(BC 500~AD 750)	미스텍 문명(940~1521)
그림 5-13 긴 목 병(BC 2~AD 4세기)	그림 5-14 굽다리 그릇(1300~1500년)
출처 : 메트로폴리탄 예술박물관(http://www.metmuseum.org/)	출처 : 메트로폴리탄 예술박물관(http://www.metmuseum.org/)

그림 5-15 AD 700년경 건축된 마야의 착초벤(Chacchoben) 신전[49]

시들의 연합체 이었으며[105] 온두라스(Honduras)의 코판(Copan), 과테말라의 티칼
(Tikal), 멕시코의 욱스말(Uxmal) 지역에 여러 신전(그림 5-15)들을 건축했다.[20] 그
림 5-16에서 주둥이에 물고기를 물고 있는 새 모양의 그릇을 볼 수 있으며, 그림
5-17에서 전통의상을 입고 악기를 연주하는 모습이 그려진 그릇을 볼 수 있다.[30]

상형문자와[104] "0"이라는 숫자를 사용하였고,[105] 산수가 발달했고,[20] 화전 농업을
했다.[105] 마야는 1517년 스페인의 침공을 막아냈지만 스페인인들을 통해 감염된 천
연두의 유행으로 인구의 90%가 사망했으며, 1697년까지 오랫동안 스페인에 저항
을 하였다.[104]

마야 문명(BC 150~AD 1697)

그림 5-16 새모양 그릇(3~4세기)
출처 : 메트로폴리탄 예술박물관(http://www.metmuseum.org/)

그림 5-17 악기연주 접시(8세기)
출처 : 메트로폴리탄 예술박물관(http://www.metmuseum.org/)

2) 스페인 짐령기(1521~1821)와 독립 이후(1821~현재)

스페인의 쿠바지역 통치자는 1518년 헤르난 코르테스(Hernan Cortes)에게 황금이 많다고 하는 멕시코를 탐사하도록 명령하였고 그는 1519년 중부 멕시코에 도착했다. [107] 스페인인들을 통해 홍역과 천연두가 멕시코에 감염되자 면역체가 없는 수백만의 원주민이 사망했다.

멕시코는 스페인으로부터 1821년에 독립하였다. 1846년에 발발한 미국~멕시코 전쟁에서 패배하여 캘리포니아(California) 주와 텍사스(Texas) 주를 잃어버렸고, 1854년에는 1000만 달러에 애리조나(Arizona) 주 및 뉴멕시코(New Mexico) 주를 미국에 매각하였다.

3. 음식문화

1) 아스텍족의 식사

옥수수로 또르띠아, 타말, 옥수수 죽(atolli: 고추와 꿀을 넣어 끓인 옥수수죽)[102]을 만들었다. 갈은 옥수수, 아마란스, 꿀을 넣어 만든 반죽으로 신의 모형을 만들고 축제음식으로 먹었다. [19] 이와 같이 식물은 에너지원이면서도, 축제 때 신에게 바치는 제물로서 종교적, 상징적, 예술적 목적을 위해서 사용되었다. 식량이 증가되자 인구도 증가하였다. 아스텍족은 달력을 만들어서 파종과 수확시기, 제사시기 등을 결정했다. [102]

소나 말 그리고 수레가 없었으므로 사람의 힘으로만 농사를 지어야 했다. [102] 단백질 공급원으로 칠면조, 개, 머스코비 오리, 토끼, 꿀벌, 연지벌레를 길렀으며, 사냥하여 잡은 개구리, 물새(waterfowl), 물고기, 도롱뇽(salamander), 곤충과 애벌레, 곤충의 알도 먹었다. 가축이 부족했기 때문에 곤충을 많이 먹었다. 멕시코 계곡 거주자는 호수에서 자라는 녹색식물 조류(Algae)인 스피루니아(Spirulina)도 단백질 급원으로 먹었다. 과일은 자두, 체리모야(cherimoya), 초크체리(chokecherry), 크랩(crab)사과, 블랙베리(blcak berry), 구아버, 아보카도를 먹었다. [20]

가장 일반적인 음료는 용설란을 발효한 술(plugue), 초콜릿 음료가 있었다. [20] 축제기간 중에 넉 잔 이상의 술을 먹으면 중형이나 사형으로 벌하기도 했다. 초콜릿 음료는 지배계층과 부자들이 먹었으며, 고추, 바닐라 등의 향을 첨가하기도 했으며 옥수수죽(atolli)과 섞어 먹기도 했다.[19]

몬테수마 2세(Montezuma Ⅱ, 1466~1520) 왕은 흰색 면의 식탁보를 씌운 낮은 상과 흰색 면 냅킨을 사용하였다. 왕의 음식으로 칠면조, 사슴, 토끼 혹은 야생 조류로 만든 고기스튜, 혹은 생선 스튜를 진흙 화로 위에 따뜻하게 제공했으며 야채와 고추로 양념한 샐러드, 또르띠아(tortilla)도 함께 제공되었다. 마지막으로 과일과 카카오나 초콜릿 음료가 제공되었다.[20]

효율적인 식량자원을 이용했음에도 불구하고, 곤충이나 동물에 의해 작물의 수확이 피해를 입거나 수 년 간 가뭄이 지속되어 굶주리게 되면 전쟁이 발생했고, 이 전쟁으로 문명 전체가 파괴되기도 했다. Tula시는 수년간 지속된 혹독한 가뭄으로 굶주리자 인간을 제물로 바치기도 하였다. 몬테수마 2세 왕의 통치 기간 중에도 오랫동안 가뭄이 지속되자 식량이 부족해졌고, 그 결과 식량을 얻기 위해 자녀를 노예로 팔기도 하였다.[20]

2) 마야족의 식사

(1) 옥수수

마야족의 음식의 기초도 역시 옥수수이었고 옥수수 죽(pozol), 또르티아, 타말[108] 같은 형태로 이용했다. 아침과 점심에는 옥수수죽(pozol)에 고추를 얹어서 먹었고, 저녁은 고기 스튜나 고추 소스와 야채, 검정콩, 또르띠야를 먹었다.[20]

옥수수를 가공할 때 라임(lime)물에 옥수수를 담가 놓으면 라임은 옥수수의 화학결합을 파괴하여 니아신을 배출하므로 펠라그라에 걸리지 않았다. 그러나 유럽대륙에 옥수수를 도입했을 때 유럽인들은 라임의 사용을 몰랐으므로 펠라그라가 많이 발생하였다.[22]

마야인의 식사에서 또르띠아의 중요성은 아직도 논쟁중이다. 왜냐하면 대부분의 마야 유적에서 또르띠야를 구워내는 번철(griddle)이 발견되지 않았기 때문이다. 그래서 마야인들은 또르띠야보다 타말을 더 많이 이용했던 것 같다. 하지만 16세기의 기록에 따르면 마야인들도 또르띠야를 만들었고, 이것이 건강에 좋은

음식이며 차게 먹는 것은 좋지 않다고 기록되어 있다.[20]

(2) 콩

마야인의 식사에서 가장 중요한 것 중의 하나로 buul이라고 부르는 작은 검정콩을 들 수 있다. 구운 고추가 들어있는 물에 에빠소떼(epazote, 멕시코의 차)와 함께 콩을 삶아서, 고추 소스와 함께 제공되었다.[20]

(3) 호박(squash)과 잎채류

마야의 요리에서 이용되던 잎채류는 차요테 호박(chayote; 녹색 여름호박), chipilin(녹색 잎이 영양이 풍부한 콩과식물), chaya 이었다. 호박은 마야인 식사의 일반적인 재료이었다. 호박씨와 갈은 콩으로 특별한 음료도 만들었다.[20]

(4) 구근류

구근류도 마야인의 식사에서 중요했다. 카사바, 고구마, 지카마(Jicama)를 집의 정원에서 재배하거나 숲에서 야생종을 채집하였다. 이것들은 옥수수의 양이 부족할 때 식사에서 에너지원으로 사용되는 중요한 식품이었다.[20]

(5) 고기, 생선, 조류

고기, 생선, 조류는 마야 식사에서 귀한 것이어서 지배계층의 식사를 구성했고, 주로 명절이나 특별 연회에 먹었다. 이런 경우, 칠면조, 또르띠야, 검정콩, 녹색 채소를 준비했다. 이외에 마야 유적지에서 발견되는 동물의 뼈는 흰꼬리사슴, 페커리, 이구아나, 개, 표범무늬(ocellated) 칠면조의 것이었다.[20]

이 외에 이용된 동물로 거미원숭이(spider monkey), 짖는 원숭이(howler monkey), 타피르(tapir: 코가 뾰족한 돼지 비슷한 동물), 바다소(manatee), 아르마딜로(armadillo, 갑옷 같이 표면이 딱딱하게 덮인 포유류), 토끼, 비둘기, 자고새(partridge), 오리, 봉관조(curassow), 차찰라카(chachalaca; 메추라기 비슷한 새), 뿔구안(horned guan; 뿔이 있는 봉관조), 크레스티구안(crested guan; 닭목의 봉관조) 등이 있다.[20]

해조류의 위상이 높아서 지배계층의 식사에 제공되었다. 굴, 거북이, 이구아나,

게(crab)의 껍질이 유카탄 반도 코수멜(cozumel) 섬의 조개무지에서 발견되었다. 달팽이, 개구리, 농어과 물고기(snook), 다른 생선뼈도 마야의 다른 지역에서 발견되었다.[20]

(6) 과일

마야인들은 과수원을 잘 관리했으며 스페인인들이 도착했을 때 파인애플, 파파야, mamey 등을 선물했다. ramon(뽕나무과의 식물) 나무는 유카탄 반도에 많았는데, 이것의 씨는 옥수수와 콩보다 단백질 함량이 많으며 옥수수에 없는 아미노산인 트립토판을 함유하고 있어서, 옥수수가 부족할 때 구황식품으로 이용되었다.[20]

(7) 꿀

유카탄은 꿀이 많이 생산되었고, 마야의 꿀은 흰색으로 품질이 좋아서, 아톨, 포솔리(posolli), 발체(balche; 발체 나무의 수피로 제조) 같은 음료의 감미료로 사용되었다.[20]

마야인들은 자원을 효율적으로 활용했으므로, 식사가 다양했지만, 항상 충분한 양은 아니었다. 심한 가뭄이 지속되거나 화산이 폭발하거나, 허리케인이 오면, 식량이 부족해져서 마야 지역에도 심각한 굶주림이 있었다. 이런 경우에 나무의 뿌리나 나무껍질로 연명했다. 유럽인들이 마야의 영토에 도착 했을 때도 식량이 부족했었다.[20]

3) 스페인 점령기의 식사

스페인의 점령으로 새로운 식품과 조리법, 그리고 새로운 조리도구들도 도입되었다. 유럽에서 멕시코에 새로 도입되어 오늘날까지도 이용되는 식품은 밀, 닭고기, 돼지고기, 소고기, 우유, 치즈, 계란, 설탕, 감귤류의 과일(citrus fruit), 양파, 마늘, 파슬리, 고수(coriander:향신료)가 있다.[20] 멕시코의 스페인 총독은 멕시코에 밀과 다른 작물의 재배를 장려했고, 그 결과 1535년 멕시코에서 밀을 수출하게 되었고 멕시코의 밀가루 가격은 하락했다. 16세기 중엽 멕시코시티의 빵 가격은 스페인과 비슷하게 되었다.[94]

멕시코에 도착한 스페인인들은 중세에 무슬림의 지배를 받아 무슬림 요리의 영향을 많이 받았던 지역의 사람들이었으므로, 이들에 의해 쌀, 감미료(sweets), 과일 통조림, 많은 향신료를 사용하는 것이 도입되었다.[20]

메스티소(mestizos)는 스페인 음식과 멕시코 음식 모두에 친숙하였으므로, 새로운 요리의 탄생을 촉진하였다. 멕시코의 또르띠야와 유럽의 치즈가 만난 퀘사디아(quesadillas), 또르띠야 위에 유럽에서 도입한 돼지고기를 칠리소스로 요리하여 제공하는 sopes, 또르띠야에 유럽에서 도입한 닭고기를 채운 타코인 antojitos, 스페인 스타일의 스튜에 원주민의 옥수수와 콩을 첨가한 ollas가 대표적이다. 이와 같이 유럽과 멕시코 음식의 결합으로 멕시코의 음식은 더 다양하고 영양적인 식사가 되었다.[20]

유럽의 식품들을 멕시코 음식보다 더 고급이며 영양적이라고 생각했기 때문에 밀로 만든 빵, 고기, 올리브유, 포도주, 설탕, 증류주, 향신료, 견과류, 올리브를 스페인에서 많이 수입해왔으며, 시간이 흐른 후에는 멕시코에서 직접 생산하게 되었다. 특히 성당의 성찬식과 관련된 빵과 포도주, 그리고 금식기간에 동물성 지방을 대체하는 올리브유의 사용이 증가되었다.[20]

멕시코를 출발한 스페인인들이 필리핀을 식민지로 점령한 기간(1565~1898) 동안[110] 두 나라 사이의 무역거래가 활발해졌고, 이를 통해 계피, 너트맥(nutmeg), 정향(clove) 같은 향신료가 멕시코에 도입되었다. 검정 후추도 유럽을 경유하지 않고 아시아에서 직접 수입할 수 있었으며, 인도의 타마린드(tamarindpods), 인도의 실론(Ceylon) 섬과 말레이시아의 망고를 수입하여 멕시코 요리에 영향을 주었다.[20]

선교를 위해 멕시코에 설치된 가톨릭 수녀원과 수도원은, 스페인에서 도입한 식물의 실험 재배를 통해 멕시코에 적응시킨 식물들을 멕시코에 전파하였다. 또한 스페인 요리법을 멕시코 현지에 맞게 수정하여 멕시코인 수녀들을 통해 멕시코에 소개되었고, 멕시코의 전통요리법도 수녀원에서 새롭게 적용시켜서, 멕시코 요리의 발전에 기여하였다.[20]

스페인 통치기간 동안 농업 위기와 수확량 감소, 전염병의 확산으로 인해 인구 대비 식량의 양은 절대적으로 부족했다. 따라서 수입한 외국의 식품을 사먹을 수 있는 사람은 스페인 사람과 크레올(Creoles; 식민지 태생의 백인) 뿐이었다. 도시에 사는 원주민들은 밀로 만든 빵, 고기 같은 유럽의 식품들을 먹기도 했지만, 원주민은 옥수수, 콩, 고추를 중심으로 한 전통 식사를 유지했다. 1624년과 1692년은 기근이 심했고 굶주린 국민들은 지방의회와 국립 궁전에 불을 지르고 폭동을 일으켰다. 빈민들의 식사에서 옥수수가 중요했지만, 옥수수가 귀해지자 가격이 폭등했고 연쇄적으로 밀과 고기와 다른 식품의 가격도 올라갔다. 따라서 전염병이 유행하면 영양이 좋지 못한 빈민들이 가장 큰 피해를 입었다.[20]

4) 독립 이후의 식사

300년 간의 스페인 지배에서 독립하자 스페인인들이 추방되어서 인구분포에 변화가 발생했으며 멕시칸 음식이 주된 음식이 되었다.[1,20]

스페인 식품의 수입을 금지시키자, 프랑스, 독일, 영국에서 새로운 음식들이 수입되었다. 독일의 진(gin), 쌀, 대구(cod), 맥주, 통조림야채, 프랑스의 올리브 오일, 식초, 올리브, 포도주, 치즈, 포도, 럼(rum)주, 염장생선과 고기, 술, 영국의 위스키, 쌀, 계피, 맥주, 버터, 쿠키, 후추, 차(tea)가 수입되었다. 미국과 유럽에서 수입된 식품들은 멕시칸 음식에 영향을 주었다.[20]

19세기에 또르띠아를 굽는 기계가, 20세기에 옥수수를 가는 기계가 개발되었다. 1949년에 개발된 또르띠아용 분말(masa haarina)의 이용으로 가정주부들의 요리시간이 많이 감소할 수 있었다.[20]

오늘날 멕시칸 식사의 기본 재료는 옥수수, 콩, 호박, 고추, 토마토, 녹색 토마토이다.[19] 옥수수로 만든 또르띠아와 콩으로 만든 프리졸(Frijoles), 그리고 고추와 토마토를 넣은 소스를 함께 먹는다. 프리졸은 주로 검정콩을 으깨어 라드를 넣은 것으로 먹기 직전에 재가열하여 먹는다.[1]

멕시코는 북쪽에서 남쪽까지 2,000마일이나 되는 길이를 가지고 있어서 자라는 식물과 동물이 다양하므로 지역별로 독특한 음식문화가 형성되어 왔다. 그래서 중부, 서부, 북부 멕시코, 태평양 연안, 마야지역, 테우안테펙 지협(isthmus of Tehuantecpec; 멕시코 만부터 태평양 해변까지의 사이에 있는 오악사카와 카바스코와 남부 베라크루즈 지역)과 같이 6개 지역으로 구분할 수 있다.[20]

멕시칸은 축제를 사랑하는데 약 1만개의 축제가 있으며 축제음식으로 다양한 종류의 타말, 칠면조, 대구 스튜(baculo), 고기를 채운 고추(chiles en nogida), 바비

큐를 한 소와 양고기, 포졸(pozole)이 주로 이용된다.[20]

멕시코 시골 거주자는 영양 불량과 빈혈이 문제이며, 도시거주 성인 세 명 중의 한 명이 비만이어서 영양문제가 중요한 문제가 되고 있다. 여성들의 취업비율 증가로 고지방과 고당질의 패스트푸드와 조리된 식품의 섭취가 증가하는 것이 비만을 일으키는 원인의 하나로 지적되고 있다.[20]

표 2-8에서 2013년 멕시코인의 주된 열량공급식품은 여전히 옥수수이며 두류의 이용도 높은 것을 볼 수 있다.

chapter 6

중국

중국 국토는 23개 성과 5개의 자치구조가 있다. 한족(91.6%)과 55개 소수민족 총 56개 민족으로 구성되어 있으며, 2014년 인구는 약 13억 5500만 명으로 세계 인구의 1/5이었다.[49] 면적은 세계의 1/5, 아시아의 1/4이며 세계에서 세 번째로 넓은 나라로서 베트남, 라오스 등 14개 나라와 국경을 접하고 있다.[111]

중국의 서부지역은 사막과 고원, 고산, 초원지대가 있으며 높고 험한 지역이다. 동부지역에는 큰 하천과 평야가 발달되어 있어 인구와 산업이 집중되어 있으므로 중국의 지형을 서고동저(西高東低)라고 한다. 중국의 대표적인 큰 강은 북쪽의 황허 강과 중국의 남과 북을 나누는 장강(長江: 양쯔 강)이다(그림 6-1). 장강 유역은 신석기 시대에는 기온이 높고 저습지며 삼림이 무성했으나 황허 강 유역은 비옥한 황토지대가 형성되어 장강 유역보다 토지가 농경에 적합하여 문화가 먼저 발달했다.[112]

장강과 황허 강의 농경지역을 중심으로 한족 중심의 음식문화를 형성해 왔으며 여기에 소수민족들의 음식문화가 더해지면서 중국의 음식문화는 다양하게 발전해 왔다.[113]

그림 6-1 중국 요리권역 지도

다양한 자연환경과 왕조의 교체, 민족문화의 충돌과 융합 속에서 중국 음식은 형성되고 변화되어 왔기에 일정한 '틀'이 없다고 할 수 있다.[114] 제나라 관중의 民 以食爲天(민이식위천: 백성은 먹는 것을 으뜸으로 삼는다)은 중국인의 음식에 대한 철학이다.[115]

한국인의 식사는 밥과 반찬으로 구성되어 밥을 먹기 위해 반찬을 준비한다. 그러나 중국의 식사는 요리(菜)와 밥(飯)으로 구성되었고 요리와 밥은 독립적이다. 밥의 종류에는 쌀밥, 국수, 찐빵, 자오쯔(물만두), 볶음밥이 있고 쌀밥 외에는 그 자체로 한 끼의 식사가 된다.[116]

넓은 국토 때문에 지역마다 요리가 발달해 왔고[117] 식물성 식품 위주의 식사를 하지만 콩을 통해 단백질과 칼슘, 지방, 비타민이 공급되어 균형 잡힌 식사를 하였다.[118] 네 개의 요리권에 대하여 살펴보고자 한다.

1. 중화요리의 유형

1) 북경요리(京菜: 징차이)

북경은 정치의 중심지(원, 명, 청나라)였기에 몽고족, 한족, 만주족의 궁중요리를 중심으로 발전하였으므로 중국요리 중 가장 사치스럽다. 북부지역은 쌀보다 밀과 조의 생산에 적합하므로 밀, 조, 수수를 주로 재배하며 국수와 만두를 즐겨 먹는다. 육류는 돼지, 오리, 양고기를 주로 먹으며 몽고족의 영향으로 다른 지역보다 특히 양고기를 즐겨먹는다.[111]

북경요리는 화력이 강한 석탄을 사용하므로 굽는 요리를 많이 사용하여 바삭바삭한 느낌의 요리가 많다. 산동요리는 추운 기후로 인해 돼지기름을 사용하는 튀김, 볶음, 구이요리가 많다. 대표 요리는 북경 오리구이(그림 6-2a, 2b)와 양고기 샤브샤브(그림 6-3a, 3b), 자오쯔가 있다.

2) 광동요리(粵菜: 웨차이)

광동은 동남 연해에 위치하여 아열대성 기후이므로 벼농사에 적합한 지역이고 중국 남부의 대외무역 중심지였으므로 일찍부터 서양요리의 영향을 받아 전통요리와 서양요리가 조화를 이루면서 발달하였다.

그림 6-2a **북경오리구이**

그림 6-2b **잘라낸 오리고기**

그림 6-3a **샤브샤브**

그림 6-3b **샤브샤브의 육수**

중국 만두류의 종류

• 만터우(饅頭): 소가 없는 찐빵
• 자오쯔(餃子): 소를 넣었으나 발효하지 않은 만두피를 사용
• 바오쯔(飽子): 소를 넣었으며 발효한 만두피를 사용

1년 내내 신선한 과일과 채소를 수확할 수 있고 바다의 해산물도 풍부하여 식재 광조우(음식은 광조우)라고 할 정도로 음식의 재료가 풍부하며 개, 거북이, 제비집 (바다제비가 분비물로 지은 집), 뱀, 야생동물, 상어지느러미(shark's fin) 등 이색적 인 재료도 사용한다.[119] 따라서 각 식품의 본래의 색과 향기를 살리기 위해 최소의 양념을 사용하며, 재료의 신선함과 맛, 계절식품 등을 중요하게 생각한다. 광조우 는 딤섬이 생겨난 곳으로 아침식사나 간식으로 차와 함께 딤섬을 먹고 있다.[111]

광동요리 삼총사(광동채삼절: 廣東菜三絶)로는 삶은 개고기, 참새찜, 뱀고기 수프 등이 있다.[119] 그리고 탕수육(咕嚕肉), 어린통돼지구이(脆皮乳猪), 팔보채 등도 유명하다.

3) 쓰촨(四川)요리(川菜: 촨차이)

중국 남서부지역으로, 장강 상류의 산악지대를 대표하는 요리로 쓰촨, 윈난(雲南), 구이저우(貴州)지방 요리를 포함한다. 이 지역은 여름은 덥고 습기가 많고 겨울은 추위가 심해 맵고 강한 향신료인 산초, 후추, 마늘, 생강, 파를 사용해 왔다.[120] 16세기의 고추 도입으로 고추, 고추기름도 많이 사용한다. 오래 전부터 쓰촨지역에서 소금이 생산되었으므로 소금이 풍부하여 절인 채소와 절인 고기가 많고 식초도 많이 사용하여 달고 짜고 신음식이 많다.[111]

쓰촨(四川)은 네 개의 강을 의미하므로 강의 어패류도 많이 이용하는 반면,[111] 바다가 멀고 산악지대이므로 저장음식을 많이 사용하고 건조 해산물을 이용한다. 두부, 야생동식물, 채소류, 지방질이 많은 고기류를 사용한 음식이 많다. 대표 요리로는 매운맛이 강한 중경(重慶)의 신선로, 맵고 뜨겁고 짠맛인 마파두부(麻婆豆腐), 호두와 고추를 넣은 닭요리 등이 있다.

그림 6-4 청나라- 육형석(肉形石)

자료 : 국립고궁박물원, 새로운 고궁을 만나다, p38, 2008

그림 6-5 동파육

그림 6-6 서호초어

4) 상해요리(海菜: 하이차이)

19세기 이후 유럽의 침입으로 상하이가 중심도시가 되면서 남경요리는 구미풍으로 발전되어 동서양의 사람들의 입맛에 맞게 되어 상해 요리로 더 많이 알려져 있다. 바다가 가까워 해산물 요리가 많이 발달해 있다. 음식의 색이 화려하고 선명하며 간장과 설탕을 써서 진하고 달콤하다. 대표 요리는 소동파가 즐겼다는 동파육(東坡肉, 그림 6-4, 그림 6-5)와 서호의 숭어를 요리한 서호초어(西湖醋漁 그림 6-6)[121,122] '샤오롱바오쯔(小籠飽子) 등이 유명하다. 동파육은 서동파가 돼지고기의 지방층을 간장에 절여 놓았다가 귀한 손님이 오면 요리하였다고 하여 동파육이라고 한다.

2. 식문화의 형성과정

1) 쌀과 밀이 중심인 주식의 형성

중국은 신석기 시대(BC 8000~BC 2070)부터 남북 간에 다른 주식문화가 형성되었다.[123] 북쪽의 황허 유역은 기온이 낮고 건조하여 벼가 자라는 데 부적합하여 조, 기장, 콩 등이 생산되었고 조는 가뭄에 강하고 다른 곡물보다 단위면적당 생산량이 많고 오래 동안 보관이 가능하여 주식으로 이용하였다.[118,123] BC 3500년경 밀과 보리가 서양에서 도입되었다.[111] 남쪽 양자강 유역의 기후와 토질이 벼를 기르는 데 적합하여, BC 5008년[18] 절강성 하모도촌에서 벼의 재배화가 시작되어, 벼를 위주로 하는 식생활이 형성되었으므로 하모도(河姆渡)문화라고 한다.[123]

청동기 시대의 왕조는 하, 상, 주나라이다. 첫 번째 왕조인 하왕조(夏, BC 2070~ BC 1600)는 황허 유역인 허난성 서부와 산시성 남부지역이 중심지역이었다. 농업이 매우 발달하여 쌀, 보리, 콩 등의 농산물이 있었다.[122]

상(商)왕조(BC 1600~BC 1046)는 황허 하류지역의 하남과 산동지역에서 주로 활동했고 달력을 사용했으며 황허문명이 형성된 시기(BC 1750~1100)이다. BC 1300년 허난성 안양지역인 은으로 다섯 번째 천도를 하였으므로 은나라라고도 부른다.[122] 그림 6-7에서 볼 수 있듯이 차조, 조, 보리, 쌀을 재배하였다.

주나라(BC 1046~BC 771)의 '시경'에 오곡(五穀)[124]과 400여 가지의 동식물에 대한 기록이 있다. 춘추시대(BC 770~ BC 476) 말기의 공자(BC 551~BC 479)에 의해

124

차조	조	보리	쌀
돼지	양	말	코끼리

그림 6-7 은나라의 소의 견갑골에 새긴 시조

자료 : 좌: 중국역사박물관, 문물시공, p. 18. 개명출판사, 2003
우 상단: 중국역사박물관, A Journey into China'sz antiquity, p. 136,
Morning Glory Publishers, 1997
우 하단: 중국음식문화사121), p. 24

한족 문명의 뿌리인 유교가 만들어졌으며 중국의 유학자들은 춘추의 정치를 기본
으로 삼았다. 논어에서 오곡이란 식량을 뜻하는데 맹자의 오곡은 기장, 조, 보리,

부뚜막 입구가
호랑이 입
모양이며
등쪽에 화력을
집중시키고
꼬리쪽에
굴뚝을 달았음.

그림 6-8 춘추시대, 청동 재질의
호랑이 형상 부뚜막과 시루(BC 7세기)

자료: 중국역사박물관, 문물시공, p. 34, 개명출판사, 2003

콩, 쌀을 말한다.[114] 논어에 "저 쌀밥을 먹
으며 비단옷을 입는 것이 자네 마음에 편
안할 수 있느냐?" 라는 표현이 있다. 이를
볼 때 쌀이 귀한 음식이었음을 알 수 있다.
부유한 사람은 조나 기장을 먹고 가난한
사람은 보리와 콩을 먹었다. 조나 기장은
끓인 후 시루에 쪄서 먹었다(그림 6-8).
한나라(BC 206~AD 220) 시기의 북쪽 지
역에서 우물물로 논밭에 물을 대었으므로
벼농사가 가능해졌다(그림 6-9). 그러나
조, 기장, 보리 등이 더 많이 재배되어 주
식으로 먹었는데 낟알 그대로 먹으니 거칠
고 맛이 없었다.[124]

그림 6-9 동한(AD 1세기)의 벼를 타작하는 화상전(좌)과 쌀 창고 모형 도자기(우)
자료: 중국역사박물관, 문물시공, p. 70, 개명출판사, 2003

　　전한시대의 유교경전 '예기(BC 100년경)'에는 제사에 밀가루로 만든 식품을 쓴다는 기록이 없으므로 밀은 재배하고 있으나 주식은 아니었다. 장건이 서역에서 돌아온 이후, 후한(AD 25~220) 중기 이후에 밀가루로 만든 국수와 빵이 유행하게 되었다. 당시에 밀가루로 만든 모든 음식은 빙(餠: 떡병)이라고 하였다. 밀가루를 반죽해 구운 빵인 '호빙'(胡餠)은 후한 말기부터 삼국시대 초기에 걸쳐 널리 퍼졌다.[114] 호빙의 호는 북방의 유목민이라는 의미를 가지고 있다.[118] 제민요술(530~550년)에 국수 만드는 방법이 설명되어 있다.[125] 그러나 진나라(AD 265~420)와 위나라(220~265)의 기록에 제사에 밀가루 음식이 사용 된다고 되어 있으므로 삼국시대와 진나라 시대에 밀가루가 주식이 되었음을 알 수 있다.[114]

　　중국의 남북을 통일한 수(AD 581~618)의 양제는 운하를 만들어 동남의 쌀을 양자강부터 황화유역까지 운반하게 하였다. 이 운하는 후에 북경까지 이어져 북경 주변을 풍요롭게 하였으므로 벼가 북으로 많이 퍼졌다.[119]

　　당나라에서 조가 가장 중요한 식재료이었으나 밀의 이용이 증가했다.[118] 수차의 개발로 연자방아, 맷돌, 디딜방아에 비해(그림 6-10) 제분비용이 줄어들어 서민들도 이용할 수 있어 화북에서 분식(그림 6-11)이 성행하였다.[120] 호빙은 여전히 인

그림 6-10 당나라의 연자방아, 맷돌,
디딜방아, 우물 모형(AD 7C)

그림 6-11 당 나라의 간식
(중앙: 만두, AD 7C)

자료: 중국역사박물관, 문물시공, p. 95, 개명출판사, 2003

기 있는 음식이었으며 안녹산의 난 때 피난 갔던 현종에게 호빙을 사다가 바쳤다
는 기록도 있다.[114]

송나라(AD 960~1279)는 농업과 상업이 발달하고 기근도 거의 없었으므로 다양
한 식재료가 많이 생산되고 요리가 발달하였다. 11세기에 참파(베트남)에서 도입
한 참파 쌀은 2모작이 가능하고 기근에도 강했으므로 쌀을 재배하지 못했던 높은
곳에서도 재배할 수 있게 되어 쌀의 생산량이 증가되었다. 따라서 중국의 1차 농
업혁명이라고 한다. 쌀의 재배가 어려운 북부지역은 주로 밀과 조를 재배했다. 가
난한 사람의 주식은 조 혹은 참파 쌀이었고 부자는 양질의 쌀이었다. 몽양록에 남
송(AD 1127~1279) 말기의 필수품은 땔나무, 쌀, 기름, 소금, 술, 식초, 차라고 하
였다.[118,126]

원나라의 지배계층인 몽고인은 한족의 문화를 무시하고 융합을 거부하였기 때
문에 알곡으로 밥을 해먹지 않았고[121] 분식위주의 식사를 하였다. 이처럼 지나치
게 한족을 탄압했기에 강남 각지에서 내란이 일어나 한족인 주원장에 의해 멸망
당하고 명나라가 세워졌다.[119] 12세기의 원나라에 수수가 도입되어 쓰촨성을 중심
으로 확산되었다.[121]

명나라 북부지역의 주식은 조, 수수 등의 잡곡이었고 남부지역은 쌀이었다. 쌀
의 비중이 해가 갈수록 커져서 계속 대운하로 북방으로 운반되어[119] 백성의 70%
가 쌀을 주로 먹었으나 가난한 사람들은 먹지 돌아가지 못했다.[118] 명대의 기록인

'금병매(金甁梅)'에서 볶음면보다는 탕면을 좋아했음을 알 수 있다.[119] 1550~1560 년대에 옥수수, 고구마, 감자, 고추, 땅콩이 도입된 것은 중국의 2차 농업혁명의 시작이었다.[22] 쌀을 재배할 수 없는 산과 언덕, 기근에도 옥수수를 재배할 수 있었으므로 옥수수는 중요한 식품이 되었고, 땅콩을 재배한 토지는 영양분이 증가하는 유익이 있었다.[94] 1594년의 기근으로 국가가 고구마의 재배를 장려했다.

　명나라 말기에 도입된 아메리카의 작물들은 청나라에 커다란 영향을 주었다. 18세기 초 고구마는 남동부의 가난한 사람들의 주식이 되었고, 옥수수, 고구마, 감자, 땅콩의 재배 증가로 1930년대 중국의 총 식품 생산 중 쌀의 비율은 30% 로 명나라 말기의 70%에 비해 감소하였고, 보리, 수수, 조의 생산비율도 감소하였다.[118]

　위에서 언급한 중국의 곡식을 시대별로 정리하면 표 6-1과 같다.

표 6-1. 중국의 시대별 곡식　　　　　　　　　　　　　　　　　　(*: 주식으로 이용된 식품)

신석기	BC 8000~BC 2070	황허유역	양자강유역
		조*, 기장, 콩,	BC 5008 벼 재배화
	BC 3500	보리도입, 밀 도입	
하(BC 2070~BC 1600)		보리, 쌀, 콩	
상(BC 1600~BC 1046)		조, 차조, 보리, 쌀	
주(BC 1046~BC 771)		조, 기장, 보리, 쌀, 콩	
춘추(BC 770 ~BC 476)		조*, 기장*, 보리*, 쌀, 콩*,	
한(BC 206~ AD 220)		조*, 기장*, 보리*, 쌀, 밀	
삼국(220~280), 진(265~420)		밀*	
수(581~618)		쌀	
당(618~907)		조*, 밀	
송(960~1279)		조*, 쌀*, 참파쌀도입, 밀*	
원(1271~1368)		쌀, 밀, 수수도입	
명(1368~1644)		조*, 수수*(북부), 쌀*(남부), 옥수수 & 고구마 & 감자 도입	
청(1644~1911)		조, 보리, 수수, 쌀, 옥수수*, 고구마, 감자	

128

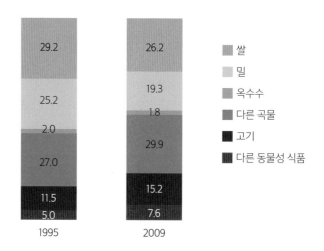

그림 6-12 **중국인의 열량섭취 급원식품**[39]

그림 6-12에서 볼 수 있는 것과 같이 오늘날 중국인의 가장 중요한 열량섭취 급원 식품은 쌀과 밀임을 알 수 있다. 그러나 1995년에 비해 2009년 쌀과 밀의 열량섭취비 율이 줄어들고 육류와 다른 동물성 식품의 열량비율이 증가하였음을 알 수 있다. 표 2-8에서 2013년 중국인의 열량공급식품의 76.7%가 식물성 식품이었다.

하루 3끼 식사가 전국시대와 진나라 때 시작되어 한나라 때 정착되었다.[120,124] 송 나라[118]와 명나라의 식사도 원칙적으로 하루 3끼이었다.[119]

2) 식물성 식품 위주의 식생활과 차

한나라 장건(張騫)의 실크로드 개척(BC 126년)으로 서양에서 포도, 오이, 마늘, 수박, 참깨[124], 가지, 시금치, 파, 당근[111] 등이 도입되었다.

남조(420~589)의 양무제(502~549)가 독실한 불교도이어서 채식을 권하고 승려 에게 육식을 금지시킨 것도 식물성 식품 위주의 식사를 형성하게 되었다.[120]

한나라 회남 왕 유안이 두부를 발명했다는 설이 있으나[124] 당나라 중기 이후에 유목민들의 치즈 제조법을 따라[127] 만든 두부가 등장하였다. 북송(AD 960~1127) 에서 전국적으로 유행하였고,[114] 도곡의 글인 "청이록"이 두부에 대한 기록이 있 다.[128] 원나라의 "연청박어'에 "이렇게 운이 나쁠 줄 알았으면 차라리 얌전하게 두 부집이라도 했을 것을"이라는 말이 있듯이 두부는 원나라에서도 일상적인 음식이

었다.[121]

(1) 차

중국은 차의 원산지로서 BC 4700년경 신농씨가 처음으로 차의 맛을 보았고, BC 3000년경 쓰촨성에서 재배되었다. BC 16세기경 중국의 차가 인도에 전파되었다.[130] AD 1세기경 후한시기에 불교가 전래된 이후 위진남북조시대(420~589)에는 승려들이 차를 즐겨 마시기 시작했다.[115]

당나라 때에 차가 음료로 보편화 되었다. 추운 지역의 북방인은 주로 따뜻한 홍차를 마시고 더운 지역의 남방인은 차가운 성질의 녹차를 주로 마셨다. 당나라 이전에는 손님을 접대할 때 술과 음식을 사용했으나 당나라 이후에는 차를 대접하였으며[115] 차와 술은 대부분 예절과 문화 활동으로 행해지고 있다.[126] 육우(727~803년)의 다경(茶經)의 "우리 당나라가 번영한 때에 와서 차를 마시는 버릇은 한결 더 세져서 이미 널리 백성들의 생활 속에 번져 졌나니[129]"를 통해 차 마시는 습관이 백성들에게 널리 퍼진 것을 알 수 있다. 차는 기름진 음식을 먹어 산성화 된 체질을 개선시켜 균형을 유지시키므로 중국인의 건강에 유익하다.[116]

당나라의 다경의 글 중 "다매에서 맷돌로 갈아낸 다가루를 다시 체로 쳐서 뚜껑을 굳게 닫은 함에 저장한다."라는 가루차에 대한 기록이 있었고[129], 송대에도 가루차에 뜨거운 물을 부은 후 휘저어 마셨다. 원대(元代)를 과도기로 명청대(明清

그림 6-13 **중국 송·원시기의 다도기구(신안 해저 유물)**
자료: 국립중앙박물관, p. 311, 2005

代)에 이르면 찻잎을 뜨거운 물이 든 항아리에 넣어 우려내 마시게 되는데 오늘날도 이 방법이 주류를 이루고 있다.[131]

송나라 정부는 차의 생산과 분배를 관리하여 큰 수익을 얻었으며[118] 그림 6-13에서 검정색 다구를 볼 수 있으며 "차는 흰색이라 검은 색이 어울린다"라는 표현처럼 송나라 시대에는 다완의 색깔을 중요하게 여겼다. 이와 같이 차는 오늘날까지도 중국인의 가장 보편적인 음료이다.[132]

3) 가축과 생선

양사오 문화 시기인 BC 4100년경 개, 양, 돼지, 닭, 염소를 길렀다.[111] 하 왕조는 목축업도 중요시 여겨서 목정(牧正)이라는 목축관리자를 두었다.[122]

은나라도 개, 양, 돼지, 닭, 소, 말, 물소를 사육하였다.[111] "맹자"에는 개, 돼지, 닭을 시기를 놓치지 않고 번식시키면 70세 이상의 노인이 고기를 먹기에 충분하다고 하였다.[114]

한나라는 신분에 따라 허용되는 고기가 달랐다. 제사의 공양물로 소, 양, 돼지는 임금이 이용했고 양, 돼지는 태부, 개, 돼지는 선비가 이용했다.[119] 헌(獻)이란 글자는 '개를 제사에 바친다'라는 뜻이어서 견(犬)이란 글자를 부수로 이용했다.[114] 예기에 개고기에 대한 기록이 있으며 한나라의 개국공신인 '번쾌'는 개고기를 팔던 사람이었다.[119]

육조시대(AD 220~589)부터 선비족, 돌궐족, 몽골족 등 여러 유목민족이 중국에서 지배계층으로 살게 되면서 유목민에게 친구 같은 개를 먹는다는 것은 야만적인 행위였으므로 이런 풍습이 한족에게 영향을 주어 대부분 개고기를 먹지 않게 되었다.[119]

당나라 때 북방 유목민족의 유제품이 알려져 요구르트와 버터 치즈 등의 유제품을 만들었으나[124] 명나라 때까지 특권층만이 약으로 사용했다.[127]

후한 말기부터 남방에서 전해온 자(鮓)가 크게 유행했다.[119] 송나라의 동경몽화록의 남어북양(南魚北羊: 남쪽 음식은 생선이 주가 되고 북쪽은 양이다)을 통해[114] 생선과 양고기를 주로 먹고 있음을 알 수 있다.

원나라의 쿠빌라이칸 시기에 편찬되었던 가정백과전서인 거가필용은 몽골풍의 책으로 후세에 끼친 영향이 매우 크다. 이 책에 기록된 고기는 거의 양고기이며 가끔 나오는 소, 말, 돼지고기도 양기름으로 요리될 정도이었다. 요리법의

80~90%가 굽는 방식이었고 20% 정도는 삶는 방식이었다. 원나라 몽고족이 말젖, 버터, 마유주를 먹는 것은 한족과 다른 몽고풍의 식습관이었다.[118] 원나라 남부지역에서 밥에 붕어를 요리해 먹었으며 마르코 폴로는 원나라 강남에 소, 물소, 산양, 돼지, 오골계 등이 있다고 하였다.[121]

4) 조미료

한나라는 소금, 된장, 벌꿀, 누룩, 식초 등을 사용하였고[114] 사탕수수로 설탕을 만들 수 있었다.[118] 장건이 참깨를 도입한 이후 한나라는 참기름을 요리에 사용할 수 있게 되었고 콩기름, 식물성 기름도 사용하게 되었다.[124]

당나라는 요리에 마늘을 사용하였고, 송나라 백성의 필수 조미료는 소금, 간장, 식초라고 했다. 송나라 정부는 사탕수수 재배로 수익을 올렸고[118] 술과 소금도 국가의 전매상품이었다.[119]

원나라의 몽고족은 소금만 사용하였으나 마르코 폴로는 원나라의 강남에 술, 소금, 사탕, 생강 등이 있었다고 했다.[121]

명나라의 1550~1560년대에 고추를 도입하여 관상작물로 재배하다가 19세기에[133] 귀주주변에서 먹기 시작하여 사천요리가 매운 맛을 지니게 되었다.[120,124]

5) 식사도구

(1) 수저

표 6-2와 같이 중국은 오늘날 젓가락이 주요도구이지만 한나라, 당나라, 원나

표 6-2 중국의 젓가락과 숟가락의 이용 변천사

		젓가락	숟가락
상왕조, 춘추시대		주요 도구	-
한나라, 당나라		(보조)	주요 도구
송나라		주요 도구	(보조)
원나라	북방	(보조)	주요 도구
	남방	주요 도구	(보조)
명나라~ 현재		주요 도구	(보조)

라 북방에서는 숟가락이 주요도구인 시기도 있었다.

BC 11세기에 상 왕조 주(紂)왕이 상아 젓가락을 사용했다는 내용이 '한비자(韓非子)'에 나오며 은허 유물 중에도 청동제 젓가락이 발굴되었으므로 상 왕조부터 젓가락을 사용했다.[119,134~136] 그림 6-14에서 상 왕조의 청동숟가락을 볼 수 있다. 그림 6-15의 서주의 청동 숟가락의 길이는 30㎝ 이상이었다.[30]

한나라부터 당나라까지 조가 주식이었으므로 주요 도구로 숟가락을 이용했고 젓가락은 보조적인 시기(시주저종: 匙主著從)였다. 한나라 BC 100년경의 예기(禮記)에 손님에게 식사를 제공할 때 밥은 왼쪽에 놓고 숟가락을 사용하고, 국은 오른쪽에 놓고 젓가락을 사용하라고 했고[134] 칠기 숟가락도 이용하였다.[114] 당나라의 설영지의 시구에 "밥이 끈적끈적해서 숟가락에서 떨어지지 않고 멀건 국은 마냥 젓가락 사이로 흘러내리네"라는 기록이 있다. 그림 6-17의 당나라의 은숟가락은 25㎝ 이상이지만 그림 6-18은 11.4㎝인 것을 볼 때[30] 그림 6-17은 국자인 것으로 추측된다. 그림 6-19에서 당나라의 은젓가락을 볼 수 있다.

송의 수도인 허난성 개봉은 강남과 가까워 남방으로 분식이 전파되는 속도가 빨라져서 면류를 먹기 위해 젓가락이 주로 사용되고 숟가락은 보조 역할을 하게 되었다. 또한 남송시기(1127~1279)에는 끈기 있는 쌀밥을 먹게 되어 숟가락이 없이 밥을 먹을 수 있게 되었다. 또한 '동경몽화록'에는 '젓가락과 종이를 들고 와서 손님에게 주문을 받는다'라는 기록이 있어 송나라에서 젓가락이 주요 도구이었음을 확인할 수 있다.[114]

원나라의 북방인은 조가 주식이었으므로 숟가락을 주로 이용했고 쌀을 먹는 남방인은 주로 젓가락을 이용했다. 그래서 남방인이 건국한 명나라는 지배계층의 식습관이 중국 전체를 젓가락 이용권이 되게 하였다. 따라서 현대 중국인은 젓가락이 주된 식사도구이며 수프 등을 먹을 때만 작은 사기 숟가락을 사용하고 있다.[119] 그림 6-21에서 명나라의 옥숟가락과 그림 6-22의 청나라 칠기숟가락을 볼 때 중국의 숟가락의 재질이 다양하게 사용된 것을 볼 수 있다. 그림 6-23에서 청나라의 칠기 젓가락 모습도 볼 수 있다.

(2) 그릇

그림 6-24에서 신석기시대의 토기를 볼 수 있다. 신석기시대의 양사오 문화(BC 5000~BC 3200) 유적지에서 대량의 채석회화도기(그림 6-25)가 발견되어 양사오

그림 6-14 청동 숟가락(BC 13~11세기, 길이 20㎝)
출처 : 메트로폴리탄 예술박물관(http://www.metmuseum.org/)

그림 6-15 청동 제기 숟가락
[BC 9세기말~BC 8세기 초(서주), 길이 32.4㎝]
출처 : 메트로폴리탄 예술박물관(http://www.metmuseum.org/)

그림 6-16 청동 숟가락칼(BC 1000~500, 길이 26.4㎝)
출처 : 메트로폴리탄 예술박물관(http://www.metmuseum.org/)

그림 6-17 은숟가락(당나라, 길이 좌 26㎝, 우 27.3㎝)
출처 : 메트로폴리탄 예술박물관(http://www.metmuseum.org/)

그림 6-18 은숟가락(당나라, 길이 11.4㎝)
출처 : 메트로폴리탄 예술박물관(http://www.metmuseum.org/)

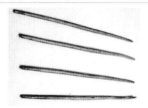

그림 6-19 은젓가락(당나라, 길이 26㎝)
출처 : 메트로폴리탄 예술박물관(http://www.metmuseum.org/)

그림 6-20 제기 숟가락(15세기 초, 길이 28.3㎝)
출처 : 메트로폴리탄 예술박물관(http://www.metmuseum.org/)

그림 6-21 옥숟가락[명나라(1368~1644), 길이 12.6㎝]
출처 : 메트로폴리탄 예술박물관(http://www.metmuseum.org/)

그림 6-22 칠기숟가락[19세기 초(청), 길이 1.1㎝]
출처 : 메트로폴리탄 예술박물관(http://www.metmuseum.org/)

그림 6-23 칠기젓가락(17세기 말~18세기 초, 길이 33㎝)
출처 : 메트로폴리탄 예술박물관(http://www.metmuseum.org/)

문화를 '채도문화'라고도 한다.[137] 그림 6-26에서 양사오 문화의 아궁이와 토기를
볼 수 있다.

　　동한시기(AD 25~220)부터 회유(回遊) 청자를 만들었다. 수나라와 당나라 때 사
용된 남청북백(南靑北白)이라는 글귀는 남쪽에서는 청자를 생산하고 북쪽에서는
백자를 생산한다는 표현이다. 남쪽의 월요(越窯)청자(그림 6-27)는 조정에 바쳐
지면서 발전하였고, 형요(邢窯) 백자(그림 6-28)는 민간에서 널리 사용했다.[138]

　　당의 중기 이후에 장례식을 위한 순장용품으로[138] 당삼채 그릇(그림 6-29)이 유
행했다.[139]

그림 6-24 신석기시대 토기
자료: 중국역사박물관, 문물시공, p. 3,
개명출판사, 2003

그림 6-25 채도 어문분
자료: 중국역사박물관, 문물시공, p. 6,
개명출판사, 2003

**그림 6-26 양사오 문화시기의
취사도구인 아궁이와 토기
(아궁이 높이 15.8cm)**

자료: 중국역사박물관,
A Journey into China's antiguity, p. 53
Morning Glory Publishers, 1997

**그림 6-27 오대(五代),
월요(越窯)청자**
자료: 국립고궁박물원,
새로운 고궁을 만나다, p44, 2008

그림 6-28 당, 형요(邢窯)백자
자료: 국립고궁박물원,
새로운 고궁을 만나다, p45, 2008

그림 6-29 당삼채 그릇(AD 7C)
자료: 중국역사박물관, 문물시공, p. 96,
개명출판사, 2003

(상단의 그릇에
음식을 담아
물을 끓이는 하단에서
나오는 스팀으로 찐다)

그림 6-30 **상 왕조 시기의 찜기**
자료: 중국역사박물관, 문물시공, p. 20, 개명출판사, 2003

6) 조리기구와 주방

고대시대의 조리 기구를 통해 습식조리방식인 삶고 찌는 요리를 주로 하였음을
알 수 있다. 하 왕조의 조리기구인 채도정은 발이 세 개이고 손잡이가 두 개이었
다.[137] 그림 6-30에서 상 왕조 시대의 찜기를 볼 수 있다.

주 왕조(BC 1046~BC 771)는 종명정식(鐘鳴鼎食)의 시대로서 종(그림 6-31)을
울려 손님을 모아 청동으로 만든 솥(그림 6-32)을 걸고 잔치를 했다. 정(鼎)은 부
피가 크고 원형으로 발이 3~4개 있고 발 사이에 불을 붙여 가열하여 고기를 삶거
나 담는 데 이용하였다.[120]

그림 6-31 **서주 말기의
종주종(宗周鐘)**
자료: 국립고궁박물원, 새로운 고궁을 만나다,
p28, 2008

그림 6-32 **서주 말기의
모공정(毛公鼎)**
자료: 국립고궁박물원,
새로운 고궁을 만나다, p29, 2008

그림 6-33 **한나라 시기의 부엌 화상전**
자료: 전호태, 고구려 고분벽화의 세계, p. 47,
서울대학교 출판부, 2004

그림 6-34 동한(AD 1세기)의 부엌 화상전(좌)과 술을 빚는 화상전(우)

자료: 중국역사박물관, p. 71, 개명출판사, 2003

그림 6-35 동한시대의 부뚜막(AD 1세기)　　그림 6-36 음식을 올리는 사람과 요리하는 사람 인형(AD 1세기, 동한)

자료: 중국역사박물관, 문물시공, p. 71, 개명출판사, 2003

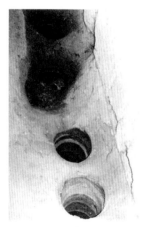

그림 6-37
지하 냉장 유적지(전국 · 한)

한나라의 화상전인 그림 6-33을 통해 쇠솥과 찜기, 걸려 있는 고기, 도마에서 요리하는 모습, 그림 6-34에서 부엌과 술을 빚는 모습을 볼 수 있다. 그림 6-35에서 부뚜막, 그림 6-36에서 음식을 올리는 사람의 모습, 그림 6-37에서 지하 냉장시설도 볼 수 있다.[124]

그림 6-38에서 원나라의 주방기구를 볼 수 있다.

7) 식탁의 이용

후한시대 벽화(그림 6-39)를 통해 돗자리에 앉아 낮은 소반에서 식사를 했음을 알 수 있다.[138]

그림 6-38 신안 해저 유물-중국 원나라의 주방기구

자료: 국립중앙 박물관, p. 310, 2005

그림 6-39 후한 쓰촨성 청두의 화상전

자료: 장징, 공자의 식탁, p. 179, 뿌리와 이파리, 2002

당나라의 둔황(敦惶)석굴 벽화에서 여러 사람이 긴 식탁에 둘러앉아 식사를 하고 있으므로[120,124] 중앙아시아에서 도입된 식탁이[127] 당나라 때부터 사용되기 시작했고[124] 송나라 때 일반화되었다.[118]

8) 요리

상왕조의 건국공신인 '이윤'은 우상인 시절에도 왕을 위해 주방장노릇도 하였으므로[114] 중국요리의 시조라고 한다.[119] 그래서 옛날 중국에서 왕실 주방장의 지위는 매우 높았다.

주나라의 궁중에서는 통돼지구이(脆皮乳猪, 췌이피루주)와 개의 간구이 등의 여덟 가지 진귀한 요리(八珍料理)를 하였으므로 팔진석(八珍席)이라고 한다.[119]

주된 조리법은 삶기, 찌기, 굽기, 조리기, 염장, 건조법 이었고, 볶음은 없었다.[118]

6세기 초 남북조시대의 북위(北魏)의 가사협(賈思勰)이 저술한 농업서적인 '제민요술'에 백여 가지의 요리법[119] 에 대한 기록이 있다.

당나라(AD 618~907) 시기에 음식에 관한 기록이 풍부해졌고 조리법도 발달하여[119] 쓰촨요리와 산동요리, 광동요리, 강소요리(소주, 양주, 남경, 진강등 장쑤성 4개 지방도시 요리의 총칭)가 발달했다.[123] 이 시기에는 음식을 눈으로 즐기는 데까지 되었다고 하여 간석(看席)이라고 하였다.[118,119]

송나라(AD 960~1279)에서 활자 인쇄가 개발되어 요리책이 많이 출판되었다.[114] 동경몽화록에 세 가지의 볶음요리가 기록되어 있다. 볶음요리법은 한나라부터 시작되었지만[111] 당나라 이전의 문헌에는 '볶음'이란 요리가 보이지 않았으나 남송 후기의 책인 '옥식비'에도 볶음요리가 등장하여 송나라 말기부터 원나라 시대에 걸쳐 볶음이라는 조리법이 확산되었다.[111,114] 과거에는 동물성 기름을 주로 사용했는데 식물성기름을 본격적으로 먹게 되었다.[119]

원대에 몽고족 외에도 많은 소수민족이 이주해 들어왔으므로 다양한 민족의 요리가 유입되어 요리의 종류와 조리법이 한층 다양해졌고, 몽고의 증류주 제조법이 중국에 도입되었다.[121]

청나라는 만주족이 세운 나라이었으나 원의 몽고족과 달리 중화문명을 최대로 수용하고자 하였다. 따라서 만주족인 황제의 식사를 위해 만주족의 굽는 요리와 한족의 볶음 요리를 중심으로 음식을[124] 차리면서 이것을 만한전석(滿漢全席)라고 하며 만주족이 한족화된 청나라의 특징을 보여주는 것이다. 또한 복

그림 6-40 후한 쓰촨성의 화상전
자료: 장징, 공자의 식탁, p. 79, 뿌리와 이파리, 2002

건요리, 북경요리, 상강요리, 호남요리, 안휘요리 등이 발달했다. 원매(袁枚, 1716~1797)가 저술한 '수원식단'에는 14~18세기의 326가지 요리와 산해진미에 대해 기록이 있다.[120]

9) 외식과 음식점

한나라의 상업과 수공업의 발달로 집과 일터의 거리가 멀어지자 외식업이 발달하게 되었고 쓰촨성 펑현의 고분 화상전(그림 6-40)을 통해 확인할 수 있다

6세기 초 남북조시대의 '제민요술'에 국수,[119] 찻집, 음식점에[111] 대한 기록이 있다. 당나라 중기 이후의 장안 거리에 밀가루를 이용한 튀김 빵, 국수, 만두 가게가 많이 증가했다.[51]

송나라 음식점에서 두 가지의 빙을 팔았는데 기름에 튀긴 호빙과 튀기지 않은 빙(찐빵, 만두류)이 있었다. 야(夜)시장, 술집, 음식점도 있었고, 음식점에서는 메뉴 목록을 가지고 있었다.[118]

chapter 7

대한민국

　내가 나의 눈을 볼 수 없지만 다른 사람의 눈을 보고 나의 눈을 알 수 있는 것처럼 다른 나라의 다양한 음식문화에 대한 이해는 한국의 식문화를 이해하는 데 기초가 된다. 다른 나라에 비교했을 때 우리의 특성이 무엇인지 객관적으로 볼 수 있어야 세계 속에서 우리의 위치를 알 수 있고 다른 나라도 더 잘 이해할 수 있으므로 한국의 식생활 역사를 이해하고자 한다.

1. 쌀이 주식으로 형성되어 왔다.

1) 구석기시대(BC 70만년~BC 1만년)의 도토리와
　신석기시대(BC 1만년~BC 1천년)의 잡곡

　구석기인들이 석기로 짐승을 사냥하는 데 한계가 있었기 때문에 채집의 비중이 더 커서[141] 섭취한 칼로리의 80%가 식물성 식품이었다. 주식은 도토리이었을 것이다.[142,143] 신석기시대 한강 하류에서 생활하던 주민들은 도토리와 호두, 밤을 채집하였고[144] 갈돌과 갈판으로 도토리를 가루 내어(그림 7-1) 토기에서 죽을 끓이거나 쪄서 먹었다.

　신석기시대 중기 이후에 화전으로 농사를 시작했다.[145] 조, 기장, 수수는 생육기간이 짧고 추위에도 잘 견디며 높고 건조한 지대에서도 잘 자라므로 원시 농경시

그림 7-1 신석기시대의 도토리와 갈돌
자료: 양양 오산리 선사유적박물관, 촬영: 김동건

그림 7-2 반달칼과 수확하는 모습
자료: 국립중앙박물관, 촬영: 김보람

기에 밭에서 재배하였다.[146] BC 3000년경 평양 남경유적에서 이삭을 수확하는 도구인 반달칼(그림 7-2)과 조, 기장, 피, 수수 등이 출토되었다.[142,145,147]

2) 벼농사 시작(청동기 시대, BC 1000-BC 300년)

밭에서 주로 조, 피, 수수 등을 재배하였고[145] 그림 7-3의 농경문 청동기에서 따비로 밭가는 무늬를 볼 수 있다.

논농사는 벼의 도입과 함께 시작되었고 그림 7-4와 같이 평양 남경(청동기시대, BC 999년, BC 1027), 부여 송곡리(BC 3~4세기) 등 여러 유적이 있고, 평양 남

그림 7-3 청동기 시대의 농경문 청동기
자료: 양양 오산리 선사유적 박물관, 촬영:김동건

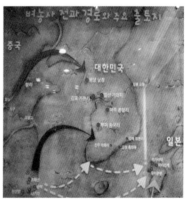

그림 7-4 벼농사 전파경로와 벼농사 유적 출토지
자료: 쌀 박물관, 촬영: 박지민

그림 7-5 평양 남경 유적의 쌀, 조, 수수
자료: 국립중앙박물관, 촬영: 정윤희

그림 7-6 선사시대 시루
자료: 삼척시립박물관, 촬영: 안예인

경 유적의 집터에서 벼, 수수, 조, 기장, 콩 등이 발견되었다(그림 7-5). 그림 7-4처럼 쌀은 한반도의 북쪽을 통해 전파되었을 것이기에 추운 환경에 적응하기 쉬운 단립형의 자포니카 쌀이 주종을 이루게 되었다.

그림 7-6의 시루를 이용해 떡[125]과 곡식을 쪄서 먹었으며[140,147] 떡은 밥 짓기가 일반화되기 이전의 조리방법이었다.[148]

본격적인 농사를 하면서 식량이 부족한 마을이 식량이 풍부한 마을을 약탈하면서 청동기시대 움집의 40%가 화재로 파괴되었다.[145,149] 전쟁의 목적이 식량 약탈에서 영토 확장으로 바뀌게 되면서 전쟁을 통해 문화가 활발히 교류되었고 국가가 형성되었다.[146]

3) 삼국시대(BC 57~AD 935)의 주식과 부식의 분리

고조선 후기에 철기가 사용되면서 철기 농기구를 대량으로 제작하게 되어 벼농사가 급격히 발전하였다.[150] 벼는 보리보다 저장성이 높아 국가의 조세품으로 적합하여 벼농사를 적극 권장하여 삼한시대(기원 전후~AD 300)부터 벼의 재배가 보편화되었다.[146,150]

고구려(BC 37~AD 668)는 산이 험하고 기온이 낮아 벼농사에 적합하지 않아 밭농사를 주로 하였고 콩과 보리의 재배가 늘어났다. 일반 백성은 조, 콩, 수수가 주식이었으나 '삼국사기'에 좋은 쌀을 평양에 진상했다(548년)'는 기록에서 볼 수 있듯이 특권층은 좋은 쌀을 먹었으므로 신분에 따라 다른 식생활을 하고 있었다.[146] 그림 7-7의 5세기 초 무용총 벽화를 통해 주식과 부식이 분리된 상차림을 볼 수 있고[151] 밥상, 과일상, 술상을 각기 따로 차려 손님을 대접함

그림 7-7 5세기 초기 고구려 무용총-무덤 주인이 승려로 보이는 사람을 맞아 대화를 나누는 모습

자료: 전호태, 고구려 고분벽화의 세계, p. 163, 서울대학교 출판부, 2004

을 볼 수 있다.

백제(BC 18~AD 660)는 논에 물을 공급하기 위해 저수지를 만들었고 일본에서도 백제 사람이 만든 저수지인 '백제지'를 볼 수 있다. 현미를 시루에 쪄서 먹거나 무쇠 솥이나 돌솥에 밥을 지어먹었고[152] 무쇠 솥이 일반화 되면서 밥이 일상주식이 되고 일상식으로 먹어 오던 떡은 의례용 음식으로 자리가 바뀌었다.[125,153] 오늘날의 떡의 종류는 찌는 떡, 치는 떡, 빚는 떡, 지지는 떡, 부풀리는 떡이 있다.[154]

백제군의 창고에서 쌀이 가장 많았고, 보리〉녹두〉밀의 순으로 출토되었으므로 삼국시대에 밀농사를 지었을 것이다. 중국은 한나라 중기이후에 국수가 유행했으므로 한반도는 삼국시대에 반죽을 손으로 비벼서 국수를 만들었을 것이다. 한반도는 풍토상 밀농사에 적합하지 않아서 밀은 일부지역에서만 재배되었으므로[125] 메밀국수가 최초의 국수이었을 것이다.[155] 신라(BC 57~AD 935)는 502년에 농사에 소를 이용하면서[156] 많은 곡식을 생산할 수 있게 되었다. 삼국사기에 "기와집이 연이어 있고 집집마다 숯으로 밥을 지었다"라는 기록(880년)이 있다.[146]

4) 고려(918~1392)의 밥과 국, 국수와 만두

밥과 국이 상차림의 기본이 되었다.[49] 통일신라까지는 국수에 대한 기록이 없었으나 고려도경(1123년)에는 밀의 생산량이 적어서 비싸며 면식이 으뜸이라는 기록이 있다.[125] 고려사(1449~1451)에는 가정의 제사에 국수를 쓰며 사원에서도 만들어 팔고 있고 의례용 별식이라고 하였다.[125] 이를 통해 국수가 일반화되었음을 알 수 있다.[158]

고려가요 악장가사 "쌍화점(雙花店)"에는 "쌍화점에 쌍화(만두) 사러 갔더니 회회 아비(위구르인) 내 손목을 쥐네"라는 소절이 있다. 당시에 만두는 몽고풍의 음식으로 대중적인 음식은 아니고 귀한음식이었지만 만두 가게가 있었음을 알 수 있다.[159]

5) 조선(1392~1910)의 주식과 일본 강제합방 이후의 식량부족

1653년 제주도에 도착한 하멜은 조선의 북쪽은 보리밥과 조밥을 먹고 남쪽은 쌀과 잡곡이 풍부하여 자급자족을 한다고 하였다.[160] 서유구의 임원경제지(1827)에

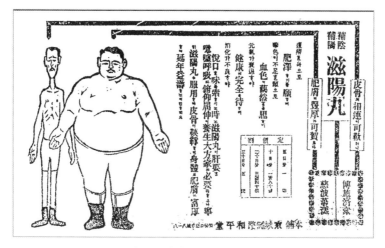

그림 7-8. 매일신보(1913.3.19자)
자료: 한국역사연구회, 우리는 지난 100년 동안 어떻게 살았을까, 역사비평사, 1998

서도 "남쪽 사람은 쌀밥을 잘 짓고 북쪽 사람은 조밥을 잘 짓는다"라고 하는 것으로 보아[161] 남북의 주식이 달랐음을 알 수 있다.

조선 성인 남자는 한 끼에 쌀 7홉(420cc)을 먹었는데 현대 성인의 90cc에 비해 4~5배이다. 이렇게 밥을 많이 먹는 것은 동물성 단백질과 지방의 섭취가 적어서 밥으로 열량을 주로 공급했기 때문이었다. 농번기(2~8월)에는 세 끼를 먹지만 농한기에는 보통 두 끼(朝夕)를 먹었다. '조선의 의식주'(1916)에서도 조선인의 식사 횟수는 2회라고 한 것을 볼 때 조선말까지도 하루 세끼가 정착되지 않았고 점심은 간식으로부터 식사로 발전해 왔다.[161]

가뭄이 들면 벼대신 메밀을 재배했다. 메밀이 척박하고 서늘한 지방에서 잘 자라기 때문에 산간지방이 많은 북쪽과 강원도 지역에서 많이 재배하여 강원도민은 지금도 메밀국수를 즐겨먹는다.

고구마는 1763년 일본으로 통신사로 갔던 조엄이 들여왔고, 감자는 순조(1790~1834) 때에 청나라에서 들여왔으며 옥수수는 18세기에 도입되었다.[153] 고구마와 감자는 구황식품이 되어서[162] 흥부전에 "고구마가 굶어 죽은 사람을 여럿 살렸다"하였다.[163] 1913년 매일신보의 광고(그림 7-8)에서 피골이 상접한 사람이 그 약을 먹으면 피부가 살찌고(肥膚) 풍성하고 두터워진다(豊厚)고 강조했다. 이를 통해 일본 강제 합방 이후의 식량 부족 상황을[164] 알 수 있다.

표 7-1 한국의 곡류와 육류 식품의 자급률 [25,27,28]

연도	곡류					육류		
	쌀	보리	밀	옥수수	소계	쇠고기	돼지고기	닭고기
1981	66.2	72.7	2.7	6.1	41.9	74.2	99.5	100
1987	99.8	97.2	0.2	2.5	41	98.2	100.8	100
1990	108.3	96.1	0.1	1.9	44	53.6	100.3	100
1995	91.1	67.0	0.3	1.1	30	50.8	96.6	98.1
2000	102.9	46.9	0.1	0.9	30.8	53.2	91.6	79.9
2004	94.3	78.0	0.4	0.8	27.6	44.2	87.4	90.2
2008	94.4	40.7	0.4	1.0	28.4	47.6	76.5	86.4
2013	89.2	20.2	0.5	1.0	23.0	50.1	81.5	81.6

자료: 한국농촌경제연구원, 식품수급표 2004, 식품수급표 2008, 식품수급표 2013

6) 대한민국의 식량 부족과 혼분식 장려 및 쌀 소비 감소

1956년부터 미국의 밀가루를 원조받아 밀의 가격이 폭락하여 밀밭이 사라져서 표 7-1과 같이 2013년에도 밀의 자급률은 0.5%에 불과하다. 전쟁 이후에 풀뿌리와 나무껍질로 연명하던 사람들이 30~40%이어서[165] 1960년대 일간 신문 기사로 기아에 허덕이고 굶어 죽는 사람, 영양실조 어린이에 대해 보도되었고 기호식품으로 칡뿌리, 꿀꿀이죽, 팥죽 등이 보도되었다.[166]

밀의 수입량이 증가하고 값이 싸서 국수가 상용음식으로 되었고 밥 위주의 한국의 주식이 일부 분식으로 대치되었다[125] 임오군란(1882년) 때 중국 군인들과 상인들이 들어오면서 일제 말기의 중국 음식점은 300여 개 이었는데 자장면 가격이 저렴해지자 1958년 1,702 개로 5배 이상 증가했고, 1960년대의 혼분식 장려운동(그림 7-9)으로 자장면은 대표적인 외식 메뉴가 되었다.[170] 1963년 라면생산이 시작되었고 정부는 서양식 식사법의 도입으로 식량부족을 해결하려 했다.[155]

보릿고개를 해결하기 위해 수확량이 많은 통일벼를 1971년부터 생산하여 1976년 쌀을 자급했으나[164],

그림 7-9 혼분식 장려 포스터
자료: 인천 짜장면 박물관, 촬영: 박정환

표 7-2 쌀, 육류, 유지류의 국민 1인 1일당 에너지 공급 비율

연도	1970[171]	1980[25]	1990[25]	2000[25]	2005[28]	2010[28]	2013[28]
쌀(%)	51.3	48.9	41.2	33.1	28.4	27.8	25.3
육류(%)	2.1	3.7	5.0	6.8	6.7	7.9	8.6
유지류(%)	1.4	5.0	12.3	13.9	15.4	16.5	17.1

자료: [25] 한국농촌경제연구원, 식품수급표 2004, 2005, [28] 한국농촌경제연구원, 식품수급표 2013, 2014, [171] 한국농촌경제연구원, 식품수급표 1987, 1988

1990년대부터 밥맛이 없다고 재배가 중단되었다. 표 7-1을 보면 쌀 자급률이 1990 년 108%, 2013년은 89.2%이었다. 표 7-2에서 경제수준의 향상으로 육류와 유지류 의 에너지 공급비율이 증가하면서 쌀의 비율은 1970년 51.3%[171]에서 2013년 25.3% 로 감소되었다. 표 7-1에서 곡류의 자급률은 1981년 41.9%에서 2013년 23%로 계 속 감소하고 있어서 식량안보에 주의해야 하는 상황이다.

2. 어패류의 활발한 이용

빙하기가 끝나고 신석기시대에 따뜻해지자 채집할 열매와 물고기가 풍부해져 식 량을 찾아 이동하지 않아도 되어 바다나 강가에 정착생활을 하였다.[141] 암사동 유적 의 사람들은 한강변에 살며(그림 7-10) 어패류로 단백질을 공급했다.[144] 바다에 잠 수하여 전복과 소라(그림 7-11)도 채취하였고[150,172] 그물(그림 7-12)을 만들어 쓰게 되면서 더 많은 물고기를 잡을 수 있게 되었다.[173] 울산 황상동 패총에서 작살이 박 힌 고래의 뼈가 출토되어 신석기인이 고래도 잡았음을 알 수 있다(그림 7-13).

신석기시대부터 청동기 시대에 걸쳐 형성된 안면도 유적에 굴을 중심으로 바지 락, 피뿔고둥이, 전복, 소라, 피조개를 포함한 30여종의 패류가 있었다. 어류는 참 돔과 농어, 복어가 많았으며 도미, 숭어, 상어, 가오리, 넙치, 가자미 등 30여종이 며 복어의 출토를 볼 때 청동기인들이 독성을 다룰 수 있었을 것이다.[172] 통일신라 의 경주 유적에서 농어, 복어, 도미, 숭어, 상어, 잉어, 붕어, 연어, 대구, 방어, 민 어, 고등어, 광어가 출토되었다.[174]

이와 같이 신석기 시대의 어로를 통한 정착생활을 시작한 이후부터 한반도인들

그림 7-10 신석기 시대의 어로생활

자료: 암사동 선사유적지, 촬영: 김기윤

그림 7-11 신석기시대의 굴, 전복, 소라

자료: 국립광주박물관, p. 17, 2003

그림 7-12 신석기시대의 그물과 그물추

자료: 양양 오산리 선사 유적 박물관, 촬영: 공경우

그림 7-13 신석기 시대의 고래사냥

자료: 반구대 암각화 박물관, 촬영: 함수지

의 어패류 이용은 활발했다. 그림 7-14에서 1995년까지 동물성 식품 중 어패류를 가장 많이 섭취한 것은 표 7-3의 1981~1995년까지의 어패류 자급률이 129~101%로 가장 풍부하게 공급되는 식품이었기 때문이었다. 2장에 제시된 표 2-8의 2013년 한국인의 1인 1일당 열량공급량에서 어패류의 공급에너지는 107cal로 일본과 함께 다른 나라들에 비해 2배 이상 높은 편이다.

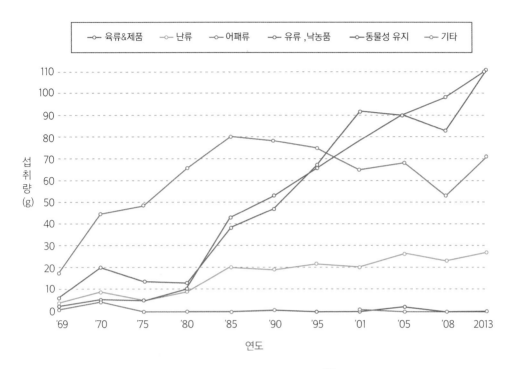

그림 7-14 한국인의 동물성 식품 섭취량 추이[175]

표 7-3 한국의 주요 식품 자급률[25,27,28]

연도	곡류	서류	두류*	채소류	과실류	육류	계란류	우유류	어패류	유지류*
1981	41.9	100	34.9	100.4	100.8	94.7	100	91.9	129.3	13.7
1987	41	100	21	100	102	100	100	99	129	10
1990	44	100	25	99	103	93	100	93	122	8
1995	30	99	12	99	93	89	100	93	101	5
2000	30.8	98.9	14.1	97.8	88.5	83.9	100	81	93.9	3.2
2004	27.6	96.6	8.1	94.3	85.2	83.5	100	74.2	55.4	2.5
2008	28.4	97.9	15.7	91.0	84.8	78.6	99.7	72.3	80.8	3.3(9.9)
2013	23.0	95.7	10.7	89.8	78.7	79.5	99.7	58.6	63.1	1.3

* 두류에는 종실류 및 견과류가 포함됨. * 유지류의 괄호안은 동물성임. 자료: 한국농촌경제연구원, 식품수급표 2004, 식품수급표 2008, 식품수급표 2013

3. 육식 문화의 발달

구석기인들은 애벌레, 땅속벌레, 가재 등을 잡아먹었고[149] 무리를 지어 이동생활을 했기 때문에 큰 짐승을 사냥해야만 구성원들이 모두 먹을 수 있었다.[12] 청원 두루봉 동굴 유적에서 쌍코뿔소, 코끼리 상아, 동굴곰, 하이에나, 큰원숭이, 꽃사슴 등의 화석이 발굴되었다.

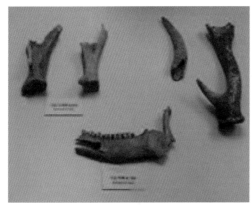

그림 7-15 **신석기 시대의 사슴뼈**
자료: 국립중앙박물관, 촬영: 이은형

신석기 시대는 활과 화살을 이용해서 작은 날짐승을 주로 사냥하였다. 안면도의 신석기 시대 유적에서 출토된 포유동물은 멧돼지, 사슴을 중심으로 사향노루, 바다사자, 개, 너구리, 살쾡이, 오소리 등의 15종이었다.[145] 신석기시대부터 개를 가축으로 사육하였음을 알 수 있으며[145,172] 돼지도 가축화하였다.[147] 신석기시대의 식량이 청동기시대에도 계속 이용되었으며 사슴(그림 7-15)은 양 시대에 많이 출토되었다.[172]

북방의 유목민들이 청동기를 갖고 들어와 한반도의 신석기인들과 어울려 맥족을 형성하였고 유목목축을 정착 목축으로 전환하였다.[176] 북만주 일대에 있던 부여의 벼슬이름이 마(馬)가, 우(牛)가, 저(猪)가, 구(狗)가 등의 동물인 것을 통해 가축을 중요하게 생각했음을 알 수 있다.[11] 안면도의 청동기 유적에서 조류는 꿩을 중심으로 비둘기, 솔개, 까마귀, 큰고니, 오리 등의 뼈가 출토되었다. 꿩은 신라, 고구려, 통일신라, 조선에서도 다양한 요리에 애용되어 왔다.[174]

그림 7-16의 고구려 벽화에서 통째로 매달려 있는 동물이 있으며, 멧돼지를 간장독에 절였다가 달래와 부추로 양념하여 구운 것을 맥적이라고 하였다.[140] 그림 7-7에서 무릎을 꿇고 칼을 가지고 있는 모습은 통째로 요리된 고기를 잘라주기 위해서이다.[153] 따라서 육식문화가 발달하였다.[176]

고구려는 AD 372년에 불교를 공인하고 육식을 금지하였고[51] 백제는 384년 불교가 전래되었고 법왕(599~600) 때에 살생을 금지하고 사냥도구도 모두 소각시켰다.[177] 신라는 527년 불교를 공인했으나 원광법사(541~630)의 세속오계 중

그림 7-16 4세기 중기 이후의 고구려 안악3호 고분-안채생활의 모습

자료: 전호태, 고구려 고분벽화의 세계, p 163, 서울대학교출판부, 2004

살생유택으로 인해 부분적인 육식을 허용했다.[51] 불교를 믿던 고려(918~1392)의 왕들도 여러 차례 도살금지령을 내렸으므로 몽고의 속국이 되기 전까지 식물성 식품 위주의 식생활을 했다. 그러나 고려 말 원나라의 지배를 받게 되면서 고기를 다시 먹게 되었고 몽고식 조리를 하여 소금으로 간하는 설렁탕도 먹게 되었다.[159]

조선의 억불숭유정책으로 육식이 자유로웠고 18세기 쇠고기의 소비량이 매우 많아 '북학의'에는 "소의 도살량이 너무 많다. 조선 전역에서 날마다 500마리가 죽어간다"고 하였다. 박제가는 "그 힘으로 지은 곡식을 먹으면서 그 고기를 먹는 것이 옳은가?"라며 소고기 대신 돼지고기를 먹을 것을 제안했다.[178] 농사에 소중한 소를 함부로 도살하지 말라는 우금이 조선의 삼금(三禁: 松禁, 牛禁, 酒禁)일 정도로 소고기를 즐겨먹었다.[161]

그림 7-14에서 2013년에 한국인이 가장 많이 섭취하는 동물성 식품은 육류 및 그 제품〉유류 및 낙농제품〉어패류이었다. 표 7-1에서 2013년 육류의 자급률은 닭고기, 돼지고기, 쇠고기의 순이었다. 한반도의 젖소 사육은 1902년에 시작되었고, 1962년 외국 젖소의 도입으로 낙농업이 발전하게 되었는데[179] 짧은 역사에 비해 유제품의 이용은 빨리 증가했다.

표 7-4 한국 식품군별 1인 1일당 평균섭취량의 변화 추이[175]

분류 \ 연도	1969	1970	1975	1980	1985	1990	1995	2001	2005	2008	2013
곡류 및 그 제품	559.0	517.0	474.0	495.0	384.0	344.0	308.9	289.4	314.4	293.6	298.2
감자 및 전분류	75.6	49.8	54.6	35.8	39.8	43.1	21.2	26.7	20.2	37.4	39.3
당류	-	-	-	-	-	-	-	11.2	7.3	7.7	12.3
두류 및 그 제품	24.9	53.1	31.1	46.9	74.2	58.1	34.7	31.8	38.7	37.1	37.4
종실류	-	-	-	-	-	-	-	2.7	4.2	2.7	6.4
채소류	271.0	295.0	246.0	301.0	273.0	281.0	286.2	297.9	326.4	298.0	299.8
버섯류	-	-	-	-	-	-	-	4.8	4.3	4.2	5.0
과실류	48.1	18.9	22.4	41.3	64.1	68.8	146.0	208.4	87.6	165.7	171.7
해조류	0.8	2.4	1.9	1.5	3.2	6.0	6.6	9.1	8.5	5.4	12.7
음료								59.5	61.4	67.8	158.1
주류	41.0	16.9	17.7	36.6	21.7	34.7	47.6	51.5	80.4	97.8	129.6
양념류								31.1	37.4	35.4	39.0
유지류(식물성)	-	-	3.1	4.4	6.9	5.6	7.5	10.0	7.5	7.7	8.5
기타	3.5	0.0	0.1	0.0	0.0	9.4	11.9	5.0	0.0	0.3	1.9
식물성 식품계(g)	1024.0	953.0	850.0	963.0	867.0	850.0	871.0	1044.9	998.9	1060.9	1220.0
육류 및 그 제품	6.6	19.8	14.3	13.6	38.9	47.3	67.0	92.4	89.8	83.7	112.7
난류	4.2	8.8	5.1	8.3	20.6	19.5	21.8	21.2	25.8	23.2	27.9
어패류	18.2	44.5	47.8	65.7	80.6	78.6	75.1	65.1	67.8	52.7	71.4
유류 및 낙농제품	2.4	4.9	4.7	9.9	42.8	52.2	65.6	78.7	90.2	98.1	111.4
유지류(동물성)	-	-	0.1	0.1	0.1	0.4	0.1	0.1	1.6	0.2	0.2
기타	0.6	4.2	0.0	0.0	0.0	0.0	-	0.2	0.3	0.0	0.1
동물성 식품계(g)	32.0	82.0	72.0	98.0	183.0	198.0	230.0	257.7	275.5	257.9	323.8
총계(g)	1056.0	1035.0	922.0	1061.0	1050.0	1048.0	1101.0	1302.6	1274.3	1318.8	1543.8
식물성식품섭취비율(%)	97.0	92.1	92.2	90.8	82.6	81.1	79.1	80.2	78.3	80.3	78.7
동물성식품섭취비율(%)	3.0	7.9	7.8	9.2	17.4	18.9	20.9	19.8	21.7	19.7	21.3

자료 : [175] 보건복지가족부,질병관리본부, 2013국민건강통계 국민건강영양조사 제6기 1차년도(2013), p 352~356, 2014

4. 채식 위주의 식생활

구석기(Paleolithic Age, BC 70만년~BC 10,000년)시대부터 마, 고사리, 쑥, 칡, 더덕을 먹어왔고[142,143] 불교 도입으로 통일신라와 고려 중기까지 채소 음식이 널리 일상화되었다.[180] 채소를 겨울에도 먹기 위해 말리거나 김치로 저장하였다.[181] 조선 후기의 잦은 기근으로 나물이 주종을 이루는 구황식품을 개발하게 되어[155] 이용하는 채소와 산나물의 범위가 매우 넓게 되어[182] 식용하는 야생식물이 233종이었다. 1944년의 구황식물은 솔잎, 송진, 도토리, 도라지, 칡뿌리, 연뿌리, 토란, 느티잎, 쑥 등 851종이었다.[183]

한국인의 식품섭취 조사 결과(표 7-4)에서 1969년 1인 1일당 섭취한 식품 총량[184] 1056g 중 식물성 식품이 1024g(97%)이었고, 2013년의 섭취 식품의 총량 1544g 가운데 1220g(78.7%)로 여전히 식물성 식품 위주의 식사를 하고 있다.

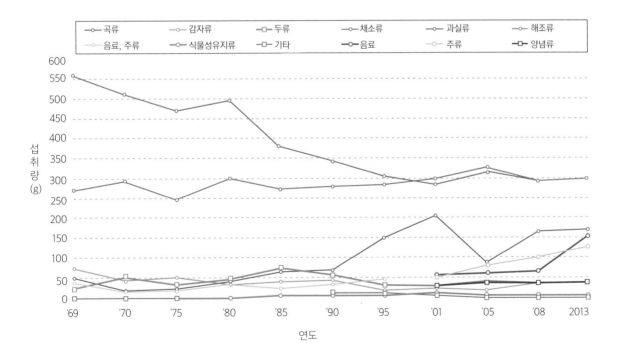

그림 7-17 **식물성 식품 섭취량의 연도별 추이**[175]

또한 그림 7 - 17에서 1995년까지 가장 많이 먹은 식품은 곡류와 채소류이었고, 2001년 이후부터 채소류를 가장 많은 양을 먹고 있다. 구황식품이었던 산나물이 이제는 건강식으로 인식되고 있다.[183]

1) 김치

삼국시대와 통일신라시대에는 김치(菹)에 관한 기록이 보이지 않지만 백제의 미륵사지(AD 600년)에서 발견된 땅 속에 묻어둔 대형 토기와 통일신라 법주사의 큰 돌독(AD 720년)은 김장김치를 보관하였던 것이라 한다.[185] 또한 일본 762년 정창원문서인 목간(木簡)에 백제 사람인 수수보리와 침채류에 대한 기록이 있음을 볼 때[181,186] 삼국시대부터 김치류(그림 7-18)가 제조된 것으로 보인다.[181]

983년 고려사에 미나리김치, 죽순김치, 무김치, 부추김치가 제사상에 올라간다는 기록이 있다.[186] 고려의 동국이상국집을 보면 이규보(1168~1241)는 오이, 가지, 무, 파, 아욱, 박 등을 길렀고[49,155] "순무를 장에 넣으면 여름에 더욱 좋고 소금에 절이면 겨울에 대비한다"고 하였다. 장에 넣은 무는 장아찌형 김치이고 소금에 절인 것은 동치미로 해석할 수 있다.[181] 이를 볼 때 초기의 김치는 무, 오이, 가지[181,186,187] 등을 장이나 소금, 술지게미에 절여 만들었다.[153]

그림 7-18 **선사~삼국시대 김치**

자료: 김치박물관, 촬영: 김지은

고려의 이색(李穡, 1328~1365)의 문집인 목은집에 있는 침채(沈菜)라는 단어를 통해 고려시대 이후로 물김치가 등장했고[185] 침채 즉 김치라고 불렀음을 알 수 있다[176](그림 7-19).

고추는 임진왜란 동안 한반도에 도입되었고[180,181] 지봉유설(1613년)에 '고추는 일본에서 온 것이고 요즘 간혹 심고 있다'고 하였다.[125] 음식디미방(1670년)의 산갓김치 조리법에는 고춧가루를 쓰지 않았으나 1716년 산림경제는 김치에 고춧가루를 사용한 최초의 기록이다.[187] 1766년의 증보산림경제와 1809년의 규합총서에도 고춧가루가 사용되고 있는데[178] 18세기 이후 비가 자주 와서 소금 생산량이 감소되어 값이 비싸서 적은 양의 소금으로 김치를 오래 저장하기 위해 고추를 넣게 되었다.[161]

중국에서 채소 소금절임법을 받아들여[176] 소금, 후추, 천초, 마늘로 담아 담백한 맛이었던 김치가 고추와 젓갈의 사용을 통해 식물성과 동물성 재료가 어우러진 한반도 특유의 맵고 붉은색 김치(그림 7-20)로 변화되었다.[178] 규합총서에 김치의 재료로서 젓갈이 처음으로 나온다.[181] 고조선시대에 외국에서 여러 가지 채소가 유입되어 김치 재료가 더욱 다양해졌고 여러 형태의 담금법도 개발되었고[59] 통배추김치는 1800년 후반의 시의전서에 처음으로 등장하였다.[181,187]

그림 7-19 고려의 죽순김치, 미나리김치, 동치미, 오이김치
자료: 김치박물관, 촬영: 김재형

그림 7-20 조선의 붉은 김치(장김치, 배추김치)
자료: 김치박물관, 촬영: 최대용

2) 해조류

삼국지 위서 동이전 고구려조에 동해안의 옥저에서 바다 식물을 고구려에 공급했다고 했고, 신라에서 심해의 대엽조(大葉藻)를 채취한다는 기록이 당나라의 본초습유에 있다.[188] 고려사 문종 12년(1058)에는 "곽전(藿田; 바닷가의 미역 따는 곳)을 하사하였다."는 기록이 있고, 충선왕 2년(1310)에는 "미역을 원나라 황태후에게 바쳤다."는 기록이 있다. 고려도경(1123년)에는 "미역은 귀천 없이 즐겨 많이 먹고 있다"고 하였다.[188] 따라서 약 1000년 전부터 미역을 먹어왔고 한반도의 특산물이었음을 알 수 있겠다.

김은 경상도지리지(1424년)에 문헌으로 처음 나타났다. 동국여지승람(1481)에 전남 광양군에서 김을 토산품으로서 중요하게 보았다는 기록이 있다.[188]

3) 차

불교의 영향으로 신라 선덕 여왕(632~647) 때부터 고려까지 중국에서 차를 수입하며[158] 국가의 큰 제의(祭儀)에 차를 이용했고 가루차를[47] 사용했다. 828년 통일신라의 김대렴이 차나무 씨앗을 당나라에서 들여와 차를 재배하였다.

조선의 억불숭유(抑佛崇儒)정책 때문에 차에 과중한 세금을 부과하여 차 재배를 포기하였다.[161] 그 결과 중국과 일본과 달리 오늘날 한국은 차의 이용이 적게 되었다.

5. 콩과 장류의 발달

BC 2000년경 만주 남부의 고구려 영토에서 콩의 유물이 출토되었고[176] 춘추시대 제나라 사람이 고구려 지역에서 대두를 가져왔다고 한 기록을 볼 때 옛고구려 땅이 대두의 원산지이다.[189] BC 3세기경 고구려에서 메주가 처음 만들어졌다.[176] 그림 7-21의 고구려 안악 3호분 벽화의 우물가의 큰 장독에[146] 간장이나 된장 등을 발효시켰다. 고구려 덕흥리 고분에는 술, 고기, 쌀, 된장이 창고에 가득하다는 글이 있으며 간장에 고기를 절여 장조림도 만들어 먹었다. '신당서'에는 발해의 특산물로 된장을 꼽고 있다.[146] 통일신라의 신문왕이 혼인할 때(683년) 신부 집에 보낸

음식이 쌀, 술, 기름, 꿀, 간장, 된장, 식해, 젓갈, 포, 조 등 이었다.[185]

　삼국지 위서 동이전 고구려조에 고구려인은 발효식품 을 잘 만들며 동해안의 옥저에서 어염(魚鹽; 물고기와 소 금)을 수레로 운반하여 고구려에 공급했다고 했다.[140] 삼 국사기에 고구려의 미천왕(재위 300~331)은 왕이 되기 전에 소금장사를 했었다고 했다.[40,60] 고려에는 소금을 생 산하는 특수 촌락인 염소(鹽所)가 있었고[49] 충선왕은 궁 핍한 국가재정을 해결하고 권세가의 세력을 억누르기 위 해 소금의 전매정책을 실시했다.[161] 고려의 사찰도 소금, 술, 기름, 꿀, 차, 파 등을 생산하여 판매했다. 조선시대 에도 관청에서 소금을 쌀이나 베를 받고 팔았다. 이처럼 소금은 고려와 조선의 중요 세원이었다.[140] 이와 같이 한 반도인들은 콩과 소금을 이용하여 두장도 개발하여 중국

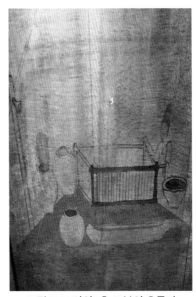

그림 7-21 **안악3호 고분의 우물가**
자료: 농업박물관, 촬영: 임유빈

과 일본에 전하여 한ㆍ중ㆍ일 세 나라는 조미료 분포 상 두장 문화권을 형성하 게 되었다.[176]

　두부는 통일신라 8세기부터 먹었으며[192] 고려 말 13세기의 목은집(牧隱集)에 "두부가 입맛을 돋우어주네"라는 기록이 있고 고려 말 권근의 시로 "두부 만드는 모습"이 있다.[50]

6. 식사 도구

　청동기시대의 뼈로 만든 숟가락(그림 7-22)과 황해도 황주에서 청동숟가락이 출토되었다.[191] 무녕왕릉의 청동수저(그림 7-23)와 고구려의 수저(그림 7-24)를 볼 수 있다. 백제의 일반 백성들은 대부분 나무 숟가락과 젓가락을 사용했을 것이 다.[146] 국이나 찌개가 물이 많고 뜨거우므로 손으로 먹기에 힘들어 숟가락과 젓가 락을 사용해왔다.[161]

　8~9세기경의 통일신라의 유기 숟가락(그림 7-25)은 원형, 타원형이었고 긴 숟

가락은(26.7cm) 국자였을 것이다.[190] 고려인은 제비꼬리 모양의 장식이 있는 청동 숟가락과 젓가락(그림 7−26)을 사용하였고 조선의 유기 숟가락을 그림 7−27에서 볼 수 있다. 아기의 돌잔치 때 주발, 대접, 숟가락, 젓가락을 주는 것이 관례이었다.[161]

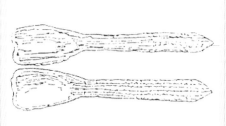

그림 7-22 함경북도 나진초도의 골제 숟가락 (BC 6~7세기)

출처, 이성우, 식생활과 문화, p110, 수학사, 1999

그림 7-23 백제 무령왕릉의 청동 수저(523년)

자료: 국립공주박물관, p. 66, 2004.

그림 7-24 고구려 혹은 발해의 수저

자료: 국립중앙박물관, 촬영: 김보람

그림 7-25 통일신라의 유기 숟가락(8~9세기)

자료: 안압지관, p. 32, 국립경주박물관, 2002

그림 7-26 고려시대의 청동 수저

자료: 개성고려박물관, 촬영: 장미라

그림 7-27 조선의 숟가락

자료: 원주역사박물관, 촬영: 전영환

7. 그릇과 주방 살림

　신석기시대인들이 사용한 토기는 덧무늬 토기와 빗살무늬 토기이다. 덧무늬 토기는 한반도의 최초의 토기로서 1만년 전에 토기표면에 진흙 띠를 붙여 무늬를 만들었다(그림 7-28). 동해안과 남해안 등 일부 지역에서 출토된다. 그러나 빗살무늬 토기는 6500년 전에 등장한 후 5500년 전에 한반도 전역으로 확산되었으므로 한국의 신석기 문화를 빗살무늬 토기 문화라고도 한다[145](그림 7-29).

　빗살무늬 토기는 갈라지지 않도록 무늬를 넣었으나 청동기시대에 밀폐된 가마에서 고온으로 단단한 토기를 구울 수 있게 되자 무늬 없는 민무늬 토기를 만들었다(그림 7-30). 검은 간토기(그림 7-31)와 아가리에 진흙 띠를 붙인 덧띠 토기(그림 7-32)는 한국 청동기와 초기 철기 시대의 대표적인 민무늬 토기이다.[145]

　그림 7-33에서 삼한시대(기원 전후~AD 300)의 토기를 볼 수 있다. 가야(AD 42~562)와 신라에서는 바닥이 둥근 항아리를 많이 만들었기 때문에 이를 받치는 그릇받침과 굽다리를 붙인 토기(그림 7-34)가 발달했다. 일본 동대사의 창고인 정창원에 통일신라의 대표 수출품이었던 놋쇠로 만든 유기쟁반, 유기대접이 보존되어 있다.

　통일신라의 차문화 발달로 찻잔의 수요가 크게 증가했고 당나라의 청자 찻잔인 '월주요'가 최고급품으로 이용되었다. 장보고 등의 해상 세력 등은 당나라로부터 기술을 도입해 청자를 대량 생산하였고 일본과 당나라에 수출하기도 하였다.[185] 중국의 청자 제작 시기는 3세기경이고 한국은 600년 정도 뒤인 9세기 전반~10세기 전반부터 청자가 제작된 것이다.

　청자(그림 7-35, 그림 7-36)는 푸른 빛이 차의 아름다움을 나타나기에 좋았기 때문에[52] 다구로서 청자의 수요가 증가했다. 1123년 고려에 온 송나라 사신 서긍이 쓴 "선화봉사 고려도경(약칭 고려도경)"에 "고려인은 청자의 색을 비색이라고 하는데 청자의 조형은 중국과 다른 독창성을 갖고 있으며 고려인은 청자를 귀하게 여겼다"라고 하였다.[49] 고려의 상감청자는 금속이나 도자기의 겉면에 여러 가지 무늬를 파고 그 속에 같은 모양의 다른 재료를 박아 넣는 방식인 상감(象嵌)기법을 독창적으로 사용하였으므로 높이 평가받는다(그림 7-35). 청자는 값이 비싸 상류계층만 이용했으나 제작기술이 보급되면서 값싼 청자가 만들어져 일반 백성

도 사용하였다.[193]

조선의 양반은 백자를(그림 7-37), 서민은 옹기(그림 7-38)를 주로 썼다. 옹기에 물, 김치, 장류 등을 담았으며 옹기를 귀하게 여겨 후손에게 물려주었다.

그림 7-28 신석기시대의 덧무늬 토기
자료: 양양 오산리 선사유적박물관, 촬영: 강유라

그림 7-29 신석기시대의 빗살무늬 토기
자료: 양양 오산리 선사유적박물관, 촬영: 김동건

그림 7-30 청동기시대 민무늬 토기
자료: 국립중앙박물관, 촬영: 이은형

그림 7-31 청동기시대의 검은 간토기
자료: 오산리 선사유적박물관, 촬영: 김동건

**그림 7-32 청동기시대와
초기 철기시대 덧띠 토기**
자료: 국립중앙박물관, 촬영: 조은경

**그림 7-33 삼한시대 경질 무문토기
(춘천 중도 유적)**
자료: 국립춘천박물관, 촬영: 정원태

고구려인이 사용하던 주방 용구는 철솥, 시루, 동이, 항아리 등이 있으며[140] 그림 7-16의 안악 고분벽화에서도 시루와 국자를 확인할 수 있다. 그림 7-39와 같이 조선시대 부엌에서 세 종류의 무쇠 솥을 사용했고 큰솥에는 물, 중솥은 밥, 옹

그림 7-34 신라 토기
자료: 강릉원주대박물관, 촬영: 이윤기

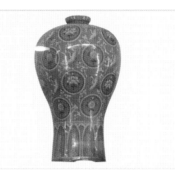

그림 7-35 고려청자 상감 운학문
자료: 강원종합 박물관, 촬영: 안예인

그림 7-36 고려청자
자료: 개성고려박물관, 촬영: 장미라

그림 7-37 조선의 백자
자료: 국립중앙박물관, 촬영: 조은경

그림 7-38 조선의 함경도 옹기
자료: 옹기박물관, 촬영: 최대용

그림 7-39 **부엌의 세 종류의 솥**
자료: 산촌박물관, 촬영: 정소정

솥은 국을 끓였다.[144]

상(床)에 대한 호칭이 달랐는데 궁중에서는 수라상, 양반가에서는 진지상, 아랫사람들은 밥상이라 하였고[144] 그림 7-40을 통해 조선시대에 사용하던 강원반을 볼 수 있다. 독상은 음식을 올려놓은 상에 수저를 한 벌만 놓는 것을 말한다. 예외적으로 수라상에는 수저를 두벌 나란히 놓아 국·찌개 등 기름기가 있는 것을 떠먹는 것과 구분하였다. 가장과 노부모나 손님에게는 독상을 사용했고 그 외의 사람들은 두레반을 사용했다.[144] 오늘날은 밥상보다 식탁을 사용하는 가정들이 증가하고 있다.

참고로 한국음식을 소개할 때 외국인의 기호도가 높은 불고기와 김밥의 영어 레시피를 활용할 수 있다.

그림 7-40 **강원반**
자료: 강릉오죽헌시립박물관, 촬영: 이윤기

표 7-5 불고기(bulgogi) 레시피

ingredients	quantity	method
① raw garlic	6 pieces	wash and mince
② raw green onion	2 pieces	wash and chop
③ black pepper power	a little	
(sesame oil, sesame seed)	(a little)	korean like sesame
④ korean soy sauce	5 Tbsp	
⑤ white sugar	2.5 Tbsp	
bulgogi sauce		mix ①~⑤
raw thin sliced beef steak	12OZ(= 340.194g)	-cut the beef as your desired size. -mix well the beef with the sauce in a bowl. -let the beefbe marinated for 30 minute in a refrigerator.
yellow onion	1	-wash and slice. -put the onion into the marinated beef.
vegetable oil	1Tbsp	-put the oil on the frying pan and preheat until medium high. -put the beef and onion, stir-fry until beef's brown color.

표 7-6 김밥(gim-bab:seaweed- rice)- korean roll

ingredients	quantity	method
① rice	2 cup	- wash and soak in water for 30minute - measure of the water with your hand - cook in a rice cooker
② egg	3	- beat the eggs - add a little salt - mix well
salt	a little	
vegetable oil	a little	- preheat the pan with oil until moderate hot - cook the egg on the pan - cool - cut into stripe
③ leg style imitation crab meat	1 pack (8OZ= 226g)	- cut into stripe - preheat the pan with oil until moderate hot
vegetable oil	a little	- cook slightly the crab meat on the pan - cool
④ carrot	1	- cut into stripe - add salt
salt	a little	
vegetable oil	a little	- preheat the pan with oil until moderate hot - cook well it on the pan - cool
⑤ cucumber	1	- cut into stripe - add salt
salt	a little	
vegetable oil	a little	- preheat the pan with oil until moderate hot - cook slightly it on the pan - cool
⑥ burdock	l pack	- open the pack
⑦ pickled radish		
⑧ cooked bulgogi		- cut into stripe
seaweed	4 sheet	place one seaweed sheet onto a bamboo mat
bamboo mat	1	

spread the cooked rice on the seaweed sheet

arrange the all ingredients(②~⑧) onto the rice, hold the mat and roll the gimbab carefully (* if you want, please add the sesame oil and seeds on it)

cut the gimbab and serve it on a plate

chapter **8**

일본

2015년 일본의 인구는 약 1억 2천700만 명으로 한국보다 약 2.6배 많다. 국토의 넓이는 38만㎢로[49] 남한의 3.8배(한반도의 1.7배)이다. 홋카이도, 혼슈, 시코쿠, 규슈 등의 4개의 큰 섬으로 구성되어 있으며 남북으로 긴 모양이며 혼슈 섬에 있는 후지산의 동쪽을 관동지역, 서쪽을 관서지역 이하이고 한다. 관동지역의 대표 도시는 도쿄, 관서지역의 대표 도시는 교토, 나라, 오사카 등으로 활화산의 영향이 관동지역보다 적어서 문화가 먼저 발전했다(그림 8-1).

따라서 일본요리를 지역에 따라 관동요리와 관서요리로 구분하기도 한다. 관동요리는 무사나 사회적 지위가 높은 사람들에게 제공하기 위한 의례 요리로 맛이 진하고 달고 짠 편이다. 관서요리는 관동요리에 비해 맛이 엷고 부드러우며 재료 자체의 맛을 살려 조리한다.[195] 604년 제정된 일본 최초의 헌법 제1조가 '和를 귀하

그림 8-1 **일본 지도**

자료: 일본국제관광진흥기구(www. welcomejapan.or.kr.) 2006

게 여기라'이었으므로 조화를 이루고 사는 것이 일본의 국가이념이 되었고 와쇼쿠(和食)는 일본음식을 말한다.[196,197]

　기후는 보통 온난다우로서 강우량이 많다. 일본에서 목축업이 발전하지 못한 것은 국토의 약 70%가 산림이어서 가축을 위한 목초지가 부족했고, 쌀농사를 중요하게 여기므로 이용 가능한 토지를 쌀 재배에 사용했기 때문이다.[198] 종교는 신도(shintoism, 79%)와 불교(68%)를 함께 믿는 사람이 많고 기독교 1.5%이다.[49]

1. 식생활사

　일본의 식생활사는 크게 수렵채집기(〜BC 400), 초기 농경기(early agriculture: BC 400〜AD 250), 형성기(formative period: 250〜1500), 변화기(age of change: 1500〜1641), 전통요리의 완성기(maturing of traditional cuisine: 1641〜1868), 근대 이후(modern period: 1868〜)로 구분할 수 있다.[127]

1) 수렵채집기(〜BC 400)

　구석기(〜BC 8000)와 신석기시대인 조몬(繩文)시대(BC 8000〜BC 400)를 포함한다. BC 8000년경 빙하기가 끝나고 기후가 따뜻해지면서 정착생활을 하였다.[127] 구이요리에 이용되었던 돌 등이 발견되는 것으로 보아 음식을 불에 익혀 먹었던 것 같다.[18] 죠몬시대에 토기를 만들게 된 이후 끓일 수 있었으므로, 구워먹던 방식에서 벗어나 이용할 수 있는 식품의 수가 증가하였다. 그 결과 죠몬 초기의 2만 명이었던 일본의 인구가 죠몬 중기(BC 2000년경)에 26만 명으로 증가했다.[127]

　동물과 물고기를 사냥했고 도토리, 조, 대추, 호두, 밤[127] 등 식물을 채집하여 잡식을 하였다.[18] 바닷물을 끓여서 해조염을 만들었고 생선을 소금에 절여 액젓을 만들었고 산초로 양념을 하였다.[127]

2) 초기 농경기(BC 400〜AD 250)

　야요이(弥生)시대로서 쌀, 보리, 메밀과 벼농사와 보리, 메밀이 한반도에서 도입되었다. BC 3세기경 벼농사를 시작하면서 쌀은 일본 음식의 중심이 되었다. 도

토리 채집을 지속하면서[127] 주식으로 현미를 먹고 부식으로 동물성 식품을 먹었다.[3]

철기의 도입으로 저수지를 만들고 논이 확장되면서 쌀 생산이 안정적이 되어서 야요이 중기(0세기)의 일본의 인구는 죠몬 중기의 2배인 60만 명이 되었으므로 일본의 농업 혁명기이다.[127]

중국의 기록에 따르면 일본은 239년경 잠수부, 쌀과 조를 재배하는 농부가 있었고, 생채소를 먹고 마늘, 감귤류, 산초, 생강이 있었고 조그만 접시에 놓은 음식을 손으로 먹었다고 하였다.[127]

3) 형성기(250~1500)

고훈(古墳)시대(250~710)부터 나라(奈良, 710~794), 헤이안(平安, 794~1192), 가마쿠라(鎌倉, 1192~1336), 남북조(north & southern courts, 1336~1392), 무로마찌(室町)시대(1392~1568)를 포함한다. 3세기부터 10세기까지 중국과 한반도의 식문화를 도입하여 모방했으며 11~15세기에 일본고유 관습과 기호에 따라 외국에서 받은 영향을 동화하여[127] 육식을 금지시키고 차를 즐기며 밥과 채소, 어패류 중심의 일본의 고유의 식문화를 형성했다.

고훈시대의 문명은 한반도로부터 도입했다.[127] 백제로부터 538년 불교를 받아들이고, 593년 불교를 승인하였고[196] 가야와 백제, 고구려에서 이주해온 유민들의 영향을 많이 받았다. 나라(奈良)에 당나라를 모방하고 불교를 기본 이념으로 하는 국가체제(710−794)가 성립되면서 집권층인 귀족은 당나라를 모방하였다.[199] 600년~834년까지 중국에 사신을 보내서 중국 문화를 배웠으며 중국에 유학을 다녀온 승려가 있는 사찰을 중심으로 중국 음식 문화를 받아들였다. 894년 당나라행 사신이 폐지되면서 당나라를 모방하는 데서 벗어났고, 독창적인 식문화를 형성하게 되었다.[127]

4) 변화기(1500~1641)

무로마찌(室町)시대(1392~1568) 말기, 모모야마(桃山)시대(1568~1600), 초기 에도(江戶) 시대(1600~1868)를 포함한다.[127] 대외무역이 활발해지면서 신대륙의 작물과 서양요리를 도입하였고 육식을 재개하였다가 다시 금지시킨 변화기 이었다.

(1) 총의 도입과 일본통일

1543년 일본을 최초로 방문한 유럽인인 포르투갈인으로부터 구입한 총을 보고 일본은 총을 자국생산하게 되었다. 총기를 잘 다루었던 오다 노부나가가 쇼군(최고 군사통치자)이 되었고 그의 뒤를 이어 쇼군이 된 도요토미 히데요시는 일본을 통일하고 1592년 한반도를 침략하였고 전쟁동안 조선의 도자기 기술자들을 데려와서 일본의 자기가 발달하게 되었다.[127]

(2) 해외무역 활성화와 신대륙 작물 도입

포르투갈과의 무역 확대와 함께 일본 상인들도 해외무역을 시작하여 1641년까지 약 10만 명이 외국으로 출국하였다. 신대륙의 작물인 호박, 고구마, 고추, 담배를 도입하고 중국에서 설탕을 수입하였다. 호박 미소국과 미소를 넣고 끓인 호박은 농촌의 여름에 인기 있었다. 스페인이 필리핀에 도입한 고구마가 중국을 거쳐 1605년 일본 오키나와에 도입되어 벼농사가 어려운 지역의 주식이 되었다. 고추는 포르투갈인에 의해 도입되었고, 맛이 강해서 좋아하지 않았지만 임진왜란 때 군인들이 한반도에 전파하였다.[127]

(3) 가톨릭과 남만요리 도입 및 육식 재개

가톨릭 선교사들로부터 배운 남만(南蠻)요리가 고기와 기름, 향신료를 사용하므로 낯설었지만, 제과제빵은 인기 있어서 카스텔라를 만들게 되었다.[127] 튀김(天麩羅)는 16세기 포르투갈 선교사에게 배웠으며[123] 참기름이 매우 비싸서 볶음 요리도 없었으므로 너무 기름진 음식으로 여겼으며 18세기 말경이 되어서 인기를 끌게 되었다.[127]

5) 전통요리(和食)의 완성기(1641~1868)

에도(江戶:도쿄)시대(1600~1868)이며 1641년부터 나가사키 항에서 중국과 네덜란드 선박의 교역만을 허용하였다. 네덜란드 상인들도 다른 지역의 이동을 금지시켜서 외국과의 교류가 차단되었다. 따라서 다른 나라의 음식의 영향이 최소화된 상태에서 약 200년간 일본음식이 성숙하게 되었다.[127,200] 설탕을 생산하게 되어 과자가 발달하였고 간장의 사용도 확대되었다.

(1) 포장마차와 음식점의 등장

도쿠가와 쇼군은 지역 군주(다이묘)의 가족을 에도에 볼모로 두게 했으므로 전국의 지역 군주들이 에도를 오가며 살았기에 에도의 산업이 발전하였다.[196] 사농공상의 사회계층 구조의 최고계층인 무사는 금욕적 윤리규정으로 사치스러운 식사를 하지 않았고 농부는 쌀을 생산해도 지역 군주에게 세금을 내야 했으므로 쌀도 먹지 못했다.[127]

화폐경제로 전환되면서 무사의 세력이 약화되고 상인이 세력을 가지게 되어[80] 최하층 민이었던 상인이 부를 축적하게 되고, 점포의 직원들이나 기술자들은 임금으로 현금을 받았다. 따라서 상인은 음식점의 주요 손님이 되었고, 에도에서 혼자 생활을 하는 많은 기술자와 점원들이 포장마차의 주요 손님이 되어, 상인, 기술자와 점원들의 미각에 따라 일본 음식이 완성되었다. 포장마차에서 스시, 소바, 덴뿌라를 주로 판매했다.[127]

바닷길이 좋은 오사카는 에도와 가까운 지리적 장점으로 쌀과 수산물 등 일본 식품유통의 중심이 되었다. 에도의 인구가 약 백만 명까지 증가하자 신선한 생선을 기초로 한 에도 스타일의 요리가 개발되었다(그림 8-2). 18세기 중엽 에도, 교토, 오사카 등의 주요 도시에 음식점과 간식가게들이 등장했고 이들의 숫자가 급

그림 8-2 1680년 에도의 주방 모습
출처: 메트로폴리탄 예술박물관(http://www.metmuseum.org/)

속히 증가하면서 새로운 음식과 서비스 방식이 등장했고 이것이 무사나 농민 그리고 지방도시까지 전파되었다.[127]

6) 근대 이후(1868년 이후)

메이지(明治, 1868~1912), 다이쇼(大正, 1912~1926), 소화(昭和, 1926~1989) 시대 이후를 포함한다. 1868년의 메이지유신 이후 서구문물을 적극적으로 받아들이면서 고기와 유제품을 먹게 되었고 도시의 음식점에 도입된 서양음식이 가정으로 확산되면서 일본인의 입맛에 맞게 변형하였다.[127]

2. 일본 식생활의 특징[201]

① 쌀이 주식이다.
② 상차림은 밥, 국, 주찬, 부찬으로 구성된다.
③ 어패류의 섭취량이 높으며, 익히거나 날로 먹는다.
④ 다양한 콩제품(두부, 낫도, 유부, 간장, 된장)을 먹는다.
⑤ 해조류를 좋아하고 매일 먹는다.
⑥ 음식에 4계절의 계절감을 반영한다.
⑦ 다양한 색과 무늬의 접시와 젓가락을 사용하여 음식과 조화를 이룬다.

이와 같은 일본 식생활의 특징이 형성된 과정을 살펴보고자 한다.

1) 쌀이 주식이다

BC 300년경에 농사가 시작되었고 한반도로부터 벼농사가 전파되었다. AD 5세기경 시루가 등장하여 쌀을 쪄서 먹었고 아침과 저녁에 2회의 식사를 했다. AD 3~4세기에 백제인인 수수코리가 누룩곰팡이를 이용한 주조법을 전수해서 쌀을 이용하여 곡주를 만들어 먹었는데 술의 다량생산이 가능해졌고 맛이 향상되었다.[3] 가마쿠라시대(1192~1336)에 쇠솥을 사용하면서 조림 조리법이 등장했고, 밥의 조리법이 찜에서 끓이기로 변화되었다.[127]

AD 239년 중국을 통해 밀과 보리가 도입되어 쌀이 부족할 때 보완책이 되었고 겨울철의 필수적인 식량이 되었다.[199] 14세기 중엽 중국에서 우동이 도입되었고 만들기 쉬워서 15세기에 유행하였고 관서지역에서 인기 있었다. 15세기 중엽에 중국

표 8-1 일본의 1인 1일 열량공급식품 비교(Kcal/일/인)[50]

연도	1961		2011	
Grand Total(Kcal/일/인)	2525	100%	2719	100%
식물성 식품(Kcal/일/인)	2274	90.1%	2166	79.7%
동물성 식품(Kcal/일/인))	251	9.9%	553	20.3%
곡류	1515	60.0%	1051	38.7%
밀	244	9.7%	392	14.4%
쌀	1170	46.3%	576	21.2%
서류	147	5.8%	60	2.2%
설탕류	176	7.0%	266	9.8%
두류	36	1.4%	16	0.6%
견과류	1	0.04%	11	0.4%
종실류	125	5.0%	110	4.0%
식물성 유지류	87	3.4%	365	13.4%
채소류	60	2.4%	73	2.7%
과일류(포도주 제외)	34	1.3%	49	1.8%
육류	27	1.1%	186	6.8%
내장류	2	0.08%	8	0.3%
동물성 지방류	26	1.0%	32	1.2%
계란류	35	1.4%	75	2.8%
우유류(버터 제외)	43	1.7%	112	4.1%
어패류	115	4.6%	138	5.1%
가공 해산물	2	0.08%	2	0.07%

[50]: FAO, FoodBalanceSheets , http://faostat3.fao.org/browse/FB/FBS/E, accessed 2015. 6. 4

에서 소면을 도입하였으나 숙련된 제조기술이 필요하여 귀족과 주요 사찰에서만 먹고 서민은 먹지 못했다.[127]

관동의 산악지역은 밀의 재배가 어려워서 메밀을 재배했으므로 메밀국수(소바)가 대표 국수이었고 1574년의 기록도 있다.[127] 17세기 후반의 에도의 국수집에서 우동과 메밀국수가 인기 있었다.

무사는 하루에 2번 식사를 했으나 겐로쿠키(1688~1704년)부터 하루의 끼니가 두 끼와 세 끼로 혼재되었다. 대부분의 에도인들은 아침으로 쌀밥에 미소국, 절인 채소를 먹었고 점심과 저녁은 아침과 비슷한 음식에 두부나 구운 생선, 졸인 채소 중 한 가지를 추가하여 먹었다. 1868년의 메이지이신(明治維新) 이후 하루 세 끼 식사가 정착하였다.[196]

1840년 쌀은 주식의 60%를 차지했고[127] 18~19세기 동안 쌀의 매점매석과 잦은 기근, 그리고 전염병에 의해 농민은 주로 죽을 먹었다.[196] 1910년부터 중국 음식점이 등장했고 라멘[시나(china) soba]이 가장 인기가 있었다.[127] 1990년대 보통가정의 저녁식사는 밥, 국, 절인채소, 생선이나 야채반찬이다. 점심과 저녁은 주로 밥을 먹지만, 바쁜 아침에는 일본 성인의 30%가 빵을 먹는다.[127]

표 8-1에서 1960년대 이후의 급속한 경제성장을 통해 공급식품의 열량구성비가 변화된 것을[202] 볼 수 있다. 곡류비율은 1961년의 60%에서 2011년 38.7%로 감소했다. 특히 쌀의 구성비가 46.3%에서 21.2%로 감소하였고 밀은 9.7%에서 14.4%로 증가하였다. 1961년의 동물성 식품의 열량 공급비율은 9.9%이었으나 2011년 20.3%로 증가하였고, 식물성 유지도 3.4%에서 13.4%로 증가하였다.

2) 육식의 금지와 이용

신석기시대(BC 8000~BC 400)에 멧돼지, 사슴[127], 꿩, 비둘기, 물오리를 사냥했고[18] 개를 가축화하였다. 유적에서 71종류의 생선뼈와 어패류 354종류가 출토되었고, 참치와 가다랭이를 삶아서 찐 후 태양 건조하여 보관했다. 초기 농경기(BC 400~AD 250)에 소, 말, 돼지, 닭이 한반도에서 도입되었다.

5~8세기에 돼지가 귀해서 사냥한 고기만 먹었는데 인구가 증가하면서 사냥감이 부족하여 날마다 고기를 먹을 수 없었으므로 불교의 계율을 따라 육식금기가 형성되었다. 10세기에도 일본 전체의 소는 1500마리 이하였을 뿐이었다.[127]

당시 일본인이 즐겨먹던 사슴과 야생 멧돼지는 금지하지 않은 채 675년에 소, 말, 개, 원숭이, 닭, 생선의 살생을 금지하는 칙령이 발표되었는데 금지 목록에 포함된 이유는 다음과 같다. 소와 말은 당시에 매우 귀한 동물이었고, 개는 식용이 아닌 사냥이나 경계용이었고, 원숭이는 약용으로 먹기는 했으나 인기 식품이 아니었고, 닭은 신령한 동물로 여겨서 식품으로 생각하지 않았기 때문이었다. 불교는 동물과 어패류까지 살생을 금지했으나 신도는 어패류를 봉헌 제물로 여겨서 동물의 살생만 금지했기 때문에 어패류를 주로 이용하게 되었다. 무사가 집권층이 된 가마쿠라시대(1192~1336)에 육식 금기가 일반인에게도 확산되었다.[127]

1549년 가톨릭이 전파되기 시작하여 1582년 교인은 약 15만 명이 되었고 일부 가톨릭교도들이 소고기를 먹기 시작하였고 일반인에게도 유행하게 되었다. 외국과의 무역 거래를 위해 가톨릭을 허용하던 쇼군은, 가톨릭 선교사와 교인들이 쇼군의 절대 권위에 대항하고 선교사들이 일본의 식민지화에 앞장선다고 우려했다. 이에 1612년 가톨릭을 금지하고 가톨릭의 관습을 제거하기 위해 소고기와 빵을 먹는 것도 금지했다. 반면에 중국인 상인들이 돼지고기, 닭, 오리고기 먹는 것은 금지시키지 않았다. 1639년 규수의 가톨릭교도 반란이후 포르투갈 상인의 일본 입국도 금지시켰다.[127]

메이지유신(1868년) 이후 서양에서 공부한 지식인들이 서양인보다 일본인의 체격이 작은 것은 고기와 유제품을 먹지 않았기 때문이므로 고기와 유제품을 먹어야 한다고 권장했다. 1868~1869년의 시민전쟁 동안 부상당한 군인에게 병원에서 회복을 위해 소고기를 먹게 했고, 1869년 해군에게도 고기를 제공하였다. 고기를 먹어야 하는 것에 반감을 가졌지만, 군인들은 소고기가 맛있고 건강에 좋은 음식이라는 입소문을 내었다. 1869년 정부가 소고기와 유제품을 생산하고 판매하는 회사를 세웠고, 1872년 황제가 고기를 먹었다는 뉴스가 전파되면서 일반인의 고기 섭취가 권장되었다.[127]

약용으로 먹어왔던 사슴이나 멧돼지 요리법을 소고기에 적용하여 양파와 미소 혹은 간장을 넣고 끓인 것이 규나베였다. 규나베 음식점이 1865년에 도쿄에 처음 등장했고 1877년 에도의 소고기 음식점이 500개 이상이었다. 20세기 초 오사카, 교토 등 관서지역에서 관동에서 유행하던 규나베를 스키야키라고 불렀고 소고기

메이지 이후의 일본 음식(돈가스, 카레라이스)

① 꼬치구이   ② 돼지고기 고로케롤   ③ 생선튀김
④ 생선 소금구이   ⑤ 조개요리   ⑥ 치킨 스키야키

그림 8-3 **다양한 일본 요리**
자료: 일본 도쿄 프린스 호텔 팸플릿, 2005

와 다양한 야채를 넣고 끓인 후 풀어놓은 날계란에 찍어 먹었다[127](그림 8-3).

　1868년 외국 품종의 돼지를 도입하면서 대규모 돼지 사육을 시작했고 공급이 부족한 소고기 대신 돼지고기를 먹게 되면서 중국 요리를 적용해 돈가스를 만들었다.[127] 서양음식점에서 서양요리를 일본인의 입맛에 맞게 변형시켜 카레라이스, 닭볶음밥, 돈가스, 치킨가스, 비프커틀릿을 판매했고(그림 8-3) 가정에서도 인기를 끈 것은 카레라이스와 돈가스이다.[127]

　전쟁 이후의 복구가 시작되던 1956년부터 일본 정부는 동물성 단백질 섭취의 증가를 주장하였다.[198] 표 8-1에서 육류의 공급열량비율을 보면 1961년 1.1%(27kcal)에서 2011년 6.8%(186kcal)로 크게 증가했음을 볼 수 있다. 전쟁 이전인 1937년의 일본인의 1일 1일 동물성 단백질섭취량은 50g이하이었는데[198] 표 8-2에서 볼 수 있듯이 1965년 198.4g, 1984년 327.1g으로 증가하였다. 1965년 동물성 단백질 중 주요 급원은 생선이었고 고기의 섭취량이 가장 적었었지만 1984년 유제품, 생선, 고기의 순으로 변화되어 유제품과 고기의 섭취량 증가가 컸음을 볼 수 있다. 상대적으로 식물성 단백질의 섭취량은 감소하였는데 이는 주로 쌀의 섭취량이 감소했기 때문이었다. 서구화의 영향으로 밀의 섭취가 증가하였고, 두류의 섭취단백질은

표 8-2 일본인의 1인 1일 단백질 섭취량[198]

	1965	1975	1984
총열량(kcal/인/일)	2,184	2,226	2,107
식물성 단백질(g/인/일)	479.8	408.5	374.3
쌀	349.8	248.3	214.3
밀	60.4	90.2	93.8
콩	69.6	70.0	66.2
동물성 단백질(g/인/일)	198.4	303.3	327.1
생선	76.3	94.0	91.5
고기	29.5	64.2	71.3
계란	35.2	41.5	40.3
유제품	57.4	103.6	124.0

65g 이상으로 비슷한 수준을 유지하였다.

3) 국

중국은 돼지와 닭, 한국은 닭과 소의 고기와 뼈를 이용하여 국물을 만들지만 일본의 전통식사는 밥과 야채, 두부, 그리고 특별한 경우나 어부의 가정에서만 생선을 먹었으므로 고기와 생선의 맛을 넣기 위해 다시 국물을 만들어 왔다. 국물을 만들기 위해 가쓰오부시와 말린 멸치, 다시마, 표고버섯을 이용하였다.[127]

가다랭이 살을 끓여서 볏짚을 태운 불로 말린 후 태양 건조하여 이용했는데[127] 1674년 어부인 '진타로'(甚本郞)는 가다랭이 살을 익혀 훈제한 후 건조시켜 만든 가쓰오부시를 만들었다.[143] 가쓰오부시의 값이 비싸서 19세기 중엽 말린 멸치와 다시마를 사용하여 국물을 만들어 미소된장국에 사용했다.[127]

1908년 Ikeda Kiknae가 다시마의 감칠맛인 글루타믹산을 발견했고 1909년부터 밀에서 화학적으로 추출한 monosodium glutamate(MSG)을 만들어 판매했다. 오늘날 가정에서 화학조미료의 사용이 감소하고 대신 액체농축액이나 천연재료 다시 농축가루를 이용하고 있고 가쓰오부시를 만드는 경우도 드물다.[127]

4) 채소

쯔케모노는 오이, 가지, 무, 당근 등의 채소에[198] 소금을 넣고 젖산발효 시켜 만든 짜고 신맛을 낸다. 8가지의 절임방법(소금, 쌀겨, 간장, 미소, 술찌꺼기, 식초, 소금과 효모, 소금물과 겨자가루)이 있으며 단무지(다쿠앙)와 매실 절임은 일본 전역에서 애용되고 있다. 매실 절임을 먹으면 식중독이 예방된다고 생각하였고 매실을 말린 후 소금에 절여서 시고 짠맛이 나며 16세기 시민전쟁당시 군인들이 이용했다. 단무지는 17세기부터 유행하였으며 무에 쌀겨와 소금을 넣고 절였으므로 쌀겨의 노란색을 띠고 있다.[127]

5) 다양한 콩제품

일본인이 이용하는 콩제품은 간장, 된장, 두부, 유부, 낫도, 야채두부 튀김(ganmodoki), 냉동건조두부, 콩가루, 두유 등이 있다.[198] 표 8-1에서 2011년 일본인의 1인 1일 종실류 공급열량 110kcal 중 87kcal가 대두에 의한 것이었으며, 대두는

그림 8-4 일본 메주

그림 8-5 생선회를 준비하는 여인들
(1806~1820년)

자료: 메트로폴리탄 예술박물관
(http://www.metmuseum.org/, accessed 12.22.2015)

계란(75kcal)보다 더 많은 열량을 공급하였다.

(1) 간장과 된장

AD 600년경에 중국(수나라 581~618)에서 된장을 도입하였다[129](그림 8-4). 701년의 기록에 미소된장, 낫도, 간장이 있으며[127] 739년의 정창원 문서에 말장(末醬)을 미소로 읽고 있다.[205] 12~16세기 동안 미소국은 사치스런 음식으로 여겨지고 귀해서 매일 먹지 못했다. 미소로 절인 채소나 미소로 양념한 반찬을 먹어 왔다. 미소의 색은 쌀이 많이 들어가면 밝은 노란색이고 콩으로만 만들면 붉은 갈색이었다.[127]

간장이 비싸서 일반인이 이용하기 어려웠는데, 16세기 후반 관서지역에 간장공장이 세워지면서 널리 판매되었다. 17세기 말 에도에 세워진 간장공장은 밀을 더 많이 사용한 진한 맛의 간장을 제조 판매했고 관서의 순한 맛 간장보다 에도인들이 선호했다.

18세기에 주된 양념이 되면서 니기리즈시, 덴뿌라, 메밀국수도 간장과 함께 제공되었다. 과거에 미소에 버무려 제공하던 생선회에는 칼질이 중요하지 않았으나 접시에 썰어놓은 생선회를 간장과 함께 제공하게 되면서 생선을 자르고 그릇에 담는 기술이 요리사에게 중요하게 되었다. 간장이 거의 모든 요리에 이용되었기 때문에 새로운 맛을 내는 것보다 식품의 자연의 맛 그대로 유지하여 제공하는 것이 중요해져서 에도시대 고급 음식점의 요리사는 최상의 재료로 최고로 아름답게 잘라서 제공하는 것이 중요해졌다[127](그림 8-5).

1950년대까지도 일반인의 가정마다 미소된장을 만들었으나 만들기 어려운 간장은 거의 만들지 않았다. 20세기 초 일본 전역에 간장공장이 들어서고 간장은 가난한 가정에서도 사용하게 되어 일본의 주요 양념은 미소에서 간장으로 변화되었고 도시인의 입맛이 나라 전체에 확산되었다. 그 결과 일본음식 조리에 간장은 필수양념이 되었고 일본인은 식탁소금을 거의 사용하지 않고 있다.[127]

(2) 두부

불교나 신도에서 고기를 금지했으므로 두부를 만들어 먹어왔다.[127] 두부는 당나라에서 도입했으며 두부에 대한 일본 최초의 기록은 1183년 나라의 가스가 신사 공물첩에 있는 '당부(唐符)'이다.[204] 에도시대에 굶주린 농민들이 도시에 와서 두부를 만들어 팔면서 도시사람들의 일상적인 반찬이 되었다.[127]

(3) 유부

중국에서 도입하였고 14세기 중엽의 기록이 있다. 두유를 끓여서 위에 응고된 단백질피막으로 만들었다.[127]

(4) 낫도

701년의 기록이 있으며 시골음식으로 취급받다가 17세기에 에도에서 유행하면서 밥위에 얹어 먹거나 반찬으로 먹어왔다.[127]

6) 차

차에 대한 최초의 기록은 815년 사가(Saga) 천황에게 불교 사찰에서 차를 제공한 것이다. 그 결과 9세기에 불교승과 당나라를 모방하는 귀족들이 차를 마셨다. 894년 당나라행 사신이 폐지되고 차의 가공방식에서 형성된 차의 향이 일본인의

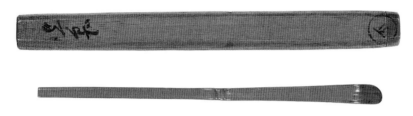

그림 8-6 16세기 말~17세기 초의 찻숟가락
자료: 국립중앙박물관, 일본 미술, p. 131, 2005

입맛에 좋지 않았으므로 차 마시는 것이 사라졌다.[127]

3세기가 지난 후 중국에 선(禪)종을 유학 갔던 에이사이(Eisai)가 귀국하면서 차 씨앗을 도입하였고 1214년 에이사이가 제공한 차를 마시고 최고 군사통치자(쇼군)의 숙취가 빨리 회복된 이후부터 사찰, 무사와 서민까지 차가 유행하게 되었다.[127]

센노 리쿠우(千利休, 1522~1591년)는 차교실을 열었고 도요토미 히데요시 등 당시의 권력자들에 대한 차의 생활화가 이루어졌다. 도쿠가와 이에야스 시대에도 선종을 중심으로 차와 채식주의가 확산되었고, 19세기 말까지 일본의 음료는 술(사케)과 차 두 종류뿐이었다.[127]

17세기에 차와 과자는 밀착되어 있었다. 과자는 녹차의 씁쓸한 맛을 중화시켰으므로 차를 마실 때 중요했고 카이세키(懷石)요리가 발전하게 되었다.[127] 설탕이 주요 수입품으로 고가에 거래되어 왔으나[80] 사탕수수를 도입하여 17세기에 일본 남부지역에서 재배하여 설탕을 생산하게 되었다. 설탕의 이용이 쉬워지자 도시에 제과점이 등장하고 1683년의 에도의 한 제과점은 172종류의 과자를 판매하였다.[127] 일본과자(和菓子, 와가시)는 다도에 사용되는 과자로 설탕, 팥소, 밀가루, 한천, 각종 쌀가루 등을 사용하여 반죽하고 쪄서 원형에 모양을 세공하였다.

상류층은 송나라풍의 다도를 따라 가루차를 사용하였고[142] 찻숟가락(그림 8-6)을 사용하면서 와가시를 먹었다. 잎차는 17세기에 유행했고 농부마다 차나무를 재배하면서 차가 국민음료가 되었고 서민들은 잎차를 먹었다. 20세기 중엽 도시 사람들은 차와 구입한 과자를 먹었으나, 농부들은 집에서 수확한 잎차에 집에서 만든 절임채소나 구운 고구마, 밤을 함께 먹었다.[127]

메이지 이후부터 버터와 우유가 들어간 과자를 도입하여 일본 전통과자인 와가시와 경쟁하고 있다. 일반적으로 녹차는 와가시와 제공되고 홍차와 커피에는 서

표 8-3 일본 스시의 변천

스시이름	등장시기	특징
나레즈시	8세기 초	생선만을 반찬으로 먹음.
나마나레즈시	14-15세기	생선과 밥을 함께 먹음.
니기리즈시	19세기 초	오늘날의 즉석 초밥

양식 과자와 제공되지만 현대인들은 과자나 간식이 없이 차나 커피를 하루에 여러 잔을 마시고 있다.[127]

7) 스시

많은 양의 생선을 저장하기 위해[127] 8세기 초 붕어에 밥을 섞어 수 개월 이상 발효시켜 식해(후나즈시)를 만들었다. 이를 최초의 스시인 '나레즈시'라고 한다. 밥은 털어버리고 생선만을 술안주나 반찬으로 먹었다.[206]

나마나레즈시는 특별 행사나 축제용 음식으로 준비된 것으로, 며칠에서 한 달 동안 밥에 신맛이 날 정도로 발효하여[127] 밥과 생선을 함께 먹는 것으로 14~15세

그림 8-7 에도시대의 스시

자료: 메트로폴리탄 예술박물관(http://www.metmuseum.org/, accessed 12.21.2015)

기에 등장하였다.

17세기 후반에 스시를 빠르게 만들기 위해 발효과정 없이 식초를 넣어 만든 "하야즈시"가 등장했다. 1810년경 에도의 길거리 포장마차에서 손님에게 하야즈시를 판매했고 이것을 '니기리즈시'라고 한 것은 밥에 식초와 소금을 넣어 신맛을 내고 손으로 꽉 쥐어서(にきり: 움켜쥠) 와사비를 바른 생선을 얹었기 때문이었다.[127] 이때부터 즉석 스시로 변화되었다.[196]

8) 그릇과 도구

신석기시대(BC 8000~BC 400)에 새끼줄로 찍은 무늬(繩文)가 있는 질그릇(그림

그림 8-8 죠몬시대의 줄무늬 토기
(BC 2500~1500)
출처: 메트로폴리탄 예술박물관(http://www.metmuseum.org/,
accessed 10,29,2015)

그림 8-9 야요이시대의 토기
(BC 4세기~AD 3세기)
출처: 메트로폴리탄 예술박물관
(http://www.metmuseum.org/, accessed 10,29,2015)

그림 8-10 수에(Sue) 그릇(6~7세기경)
출처: 메트로폴리탄 예술박물관
(http://www.metmuseum.org/, accessed 10,29,2015)

그림 8-11 조선인 도공의 도자기(1573~1615)
출처: 메트로폴리탄 예술박물관
(http://www.metmuseum.org/, accessed 10,29,2015)

8-8)을 만들어 조개나 나무열매를 담는 데 사용했다.[18]

BC 3세기~AD 3세기경의 야요이(弥生)라는 조개 무덤에서 무문토기인 질그릇(그림 8-9)이 발견되었고,[196] 백제와 고구려로부터 수에(sue) 그릇(ware) 기술(그림 8-10)을 도입하여 5세기 중엽부터 일본에서 생산하였고[127] 5세기 후반에 한반도로부터 부뚜막과 솥, 시루 등이 전파되었다.[196] 8~12세기에 조리기술이 많이 발달했고 예술적인 그릇을 이용하였다. 신분에 따라 그릇이 달라지는 '도구의 계급제도'가 생겨나 귀족은 청동, 은, 옻으로 그릇을 만들었다.[142] 12~16세기에 대부분의 그릇이 나무 재질이었고 13세기에 중국에서 도자기를 수입하였다.[127]

임진왜란 동안에 조선에서 끌려온 도자기 기술자들이 규슈섬 가라츠(karatsu)지역에 만든 가마에서 자기를 생산하면서(그림 8-11) 일본의 도자기는 더욱 발전하게 되었다.[196] 다양한 색과 무늬의 접시를 사용하여 음식과 조화를 이루게 되어[201] 유럽에 도자기를 수출하게 되었다.[127]

9) 젓가락

2세기부터 6세기까지 나무를 구부려 만든 집게 모양의 젓가락이 있었고[3] 6~8세기에 당나라로부터 숟가락과 두 개로 구성된 젓가락을 도입하였다.[134,206] 712년 "고사기"의 "숭신천황조"에 젓가락의 기록이 있으나[199] 서민들은 손으로 밥을 먹었다. 784~794년경의 유적에서 서민들의 젓가락이 출토되어[127] 2개로 구성된 당나라 풍의 젓가락이 일반화된 것을 알 수 있다. 당시 귀족들은 당을 모방하여 젓가락과 금속 숟가락을 함께 사용했으나 서민들은 숟가락을 사용하지 않았다.[199,207]

894년부터 중국과의 외교가 중단되고 12~14세기에 귀족들이 쇠퇴하면서 숟가락을 사용하지 않고 젓가락만 사용하게 되었다.[127,196] 금속제 수저가 비싸고, 그릇을 들고 국물을 마시므로 수저가 필요하지 않았기 때문이었다. 오늘날 한국은 스테인리스 같은 철제 젓가락을 사용하지만 일본은 대나무나 나무, 옻칠나무, 플라스틱 재질의 젓가락을 사용한다.[127]

일본인이 가족 사이에서도 젓가락을 공유하지 않는 것은 신도에서 타인의 입에 닿은 것을 입에 대면 그 사람의 육체와 영적인 것이 옮겨와서 씻겨 지지 않는다고 믿기 때문이다. 일본 학생들이 타인의 물건 중 재사용을 하기 싫은 것은 속옷과 젓가락이라고 할 정도이다.[127]

그림 8-12 에도시대 저녁 밥상

출처: 메트로폴리탄 예술박물관(http://www.metmuseum.org/, accessed 12.21.2015)

그림 8-13 19세기 청동 수저(길이 12.7㎝)

출처: 메트로폴리탄 예술박물관
(http://www.metmuseum.org/, accessed 12.21.2015)

따라서 개인용 젓가락은 각각의 젓가락 통에 보관했다가 식사 도중에 그릇의 가장자리에 놓았다가 다시 통에 담았고 식기도 개인용을 사용했다(그림 8-12) 큰 그릇에서 음식을 덜어낼 경우 다른 젓가락을 사용하거나 개인젓가락의 뒤쪽을 사용했다. 그러므로 18세기부터 등장한 음식점은 일회용 나무젓가락을 제공하였다. 1960년대부터 상에 젓가락 받침대를 사용하여 입에 닿은 젓가락이 상에 닿는 것을 방지하였다.[127]

메이지유신 이후 인기를 끌게 된 커리는 인도에서 직접 도입한 것이 아니라 영국식의 즉석 커리가루를 도입한 것이며 밥 위에 커리를 얹고 포크가 아닌 수저(그림 8-13)로 먹을 수 있게 동화시켰다.[127]

3. 일본 요리 양식

1) 쇼징(精進) 요리(しょうじんりょうり)

12~13세기에 선종이 왕성해지면서 사찰음식이 일반인에게 유행하면서 쇼징(精進)요리가 발달했다. 동물성 식품과 파, 마늘을 금지하고 식물성 재료 중심이므로

대두를 이용한 요리가 발달했다. 두부, 유부, 밀글루텐 케이크(fu; 글루텐이 잘 형성된 밀가루 반죽을 물에 빨아내고 글루텐 조직만 남겨서 오븐에 굽거나 찐 것), 찹쌀떡, 만두, 국수를 만들었고, 다시마 국물을 이용하고, 미소된장을 넣고 끓이고, 참깨와 호두를 갈아서 채소에 양념을 넣었다.[127]

2) 혼젠(本膳) 요리(ほんぜんりょうり)

젠(膳)이란 상을 말하는데, 혼젠이라는 부르는 상을 가운데에 두고 2~6개의 상이 그 주위에 차려지는 요리를 혼젠 요리라고 한다.[195] 13세기경 혼젠 요리가 등장했고 무로마치시대(1392~1568)에 사무라이가 귀족을 모방하여 혼젠 요리로 연회를 베풀면서 의식용 정식 요리로 완성되었고 옻칠한 상과 대접, 접시를 사용했다. 처음에 제1상과 제2상을 내오고 식사상황에 따라 다음 상을 내오는 형식이며, 7개의 상을 제공할 경우 국 8종류와 24가지의 반찬을 제공하였다.[127]

3) 카이세키(懷石) 요리(かいせきりょうり)

16세기에 센노 리쿠우(1522~1591)가 확립한 일본의 최고 요리이며 쟈카이세키(茶懷石, ちゃかいせきりょうり) 요리라고도 한다(그림 8-14). 카이세키(懷石)는 선종의 승려들이 수련하는 동안 공복의 허기를 달래기 위해 옷소매 속에 품고 있는 따뜻한 돌이다. 따라서 카이세키 음식은 차 마시기 전에 몸을 따뜻하게 해주기 위해 먹는 가벼운 식사를 의미한다.[127]

센노 리쿠우는 사치스런 음식을 반대했으므로 초기에는 다리 없는 카이세키 상에 개인별로 국1와 반찬 세 가지와 밥을 제공했다. 추후에 네 가지 음식(미소국, 생선회 혹은 신맛의 채소, 생선이나 가금류와 졸인 채소, 구운 생선)으로 표준화되었고 식사 후에 과자를 제공하고 차를 마셨다. 계절성이 중요해서 제철 식재료를 사용하고 접시나 도구도 계절에 따라 다르게 사용하면서 도자기 산업이 발전하게 되었다.[127]

4) 카이세키(會席) 요리(かいせきりょうり)

혼젠 요리를 실속 있게 차린 요리로 아름다운 도자기 그릇에 음식을 아름답게 담아 제공하는 것에 중점을 두었다.[127] 17~19세기에 발달하였고 결혼식이나 연회

그림 8-14 교토 도쿄 호텔의 카이세키(懷石) 요리

자료: 교토 도쿄 호텔의 식당 팸플릿, 2005

그림 8-15 카이세키(會席) 요리

에서 이용하는 주연요리이다(그림 8-15).

5) 후차(普茶) 요리(ふちゃりょうり)

17~19세기에 도입된 요리로 토구치 스님이 중국의 선승을 대접할 때 쇼징 요리를 중국식으로 요리한 것에 비롯되었다. 기름에 튀긴 음식 위에 녹말을 넣어 걸쭉하게 만든 국물을 붓는 조리법이 많다.

6) 싯보쿠(卓袱) 요리(しっぽくりょうり)

17~19세기에 중국 요리가 항구도시인 나가사키에 전해져서 생선, 가금류, 사냥감을 요리하여 술과 함께 제공한다.[127] 식탁을 중심으로 큰 그릇에 담긴 요리를 나누어 먹는 중국풍의 요리이다.

chapter 9

베트남

1. 국가 개요

1) 국토

베트남은 동남아시아 인도차이나 반도 동쪽에 위치한 국가로 북쪽으로는 중국, 서쪽으로는 라오스와 캄보디아 그리고 남쪽과 동쪽은 태평양과 접하고 있다(그림 9-1). 면적은 33만 341㎢로 남북한 총 면적의 약 1.5배에 달한다. 국토의 3/4이 산악이지만 대부분은 낮은 산으로 85%가 해발 1,000m 이하이다.[210] 5개 직할시인 하노이(Hanoi)시, 하이퐁(Haiphong)시, 다낭(Da Nang)시, 호찌민(Ho Chi Minh)시, 껀터(Can Tho)시와 58개 성으로 구성되어 있다.[211]

그림 9-1 **베트남 지도(2015년)**[49]

베트남 북부지역의 홍하(洪河)와 남부지역의 메콩(Mekong)강에 의해 쌀농사를 짓기에 적합한 홍하 삼각주(Delta)와 메콩 강 삼각주가 형성되어 있지만,[212] 중부지역은 토지가 척박하다. 쯔엉선(Truong Son)산맥이 남북으로 길게 뻗어 있어서 고원산악지대가 있으며 소수민족들이 밭작물과 커피, 차 등을 재배하고 있다.[213]

2) 기후

국토가 남북으로 길게 뻗어 있으므로 남부와 북부의 기후차이가 심하며, 산악지방은 삼각주나 해안 저지대보다 대체로 기온이 낮고 비가 더 많이 오는 편이다.[210]

북부는 아열대성 기후이고, 남부는 열대성 기후이며,[210] 북부지역의 11~4월의 평균기온은 14.4℃, 5~10월은 32.2℃이다. 남부지역의 건기의 평균기온은 21℃, 우기의 평균기온은 35℃이다.[212] 북부 베트남은 건기가 거의 없으나 남부는 우기와 건기가 뚜렷하다.

국경선의 반이 바다와 접해있으므로 3451km의 긴 해안선을 갖고 있고,[214] 평균 강우량은 2,151㎜으로 한국보다 2.4배가 많다. 이와 같이 물이 풍부하기 때문에 벼와 채소류를 주로 재배하였고, 어업이 발전 하였다.[210]

3) 인구와 종교

2015년 7월의 총 인구는 약 9,400만 명이었으며 인구의 89%는 베트남 족이다. 지리적 위치로 인해 수많은 인종의 교류 통로이었으므로 고유한 음식문화를 갖고 있는[213] 타이·므엉·크메르, 화교를 포함하여 총 54개 민족이 있다.[49] 종교는 불교가 약 9.3%, 가톨릭 약 6.7%이고[49] 음식에 대한 종교적 제한이 거의 없어 풍부한 식재료를 자유롭게 사용하는 음식을 먹어왔다.[214]

2. 역사

1) 선사시대

중국 남부와 동부 인도차이나에서 온 이주민에 의해[212] 선사시대는 약 30만 년 전에 시작되었다. 쌀 경작 문화는 BC 10,000년경에 시작되었고, BC 1,000년경에 벼 경작이 매우 높은 수준으로 발전하였다. 초기 철기시대(BC 1000~BC 700년)가 북부지역의 홍하 삼각주(red river delta)에서 출현했다.

2) 고대 국가 발생기(BC 690~BC 111)

BC 690년 북부지역에 최초의 국가인 반랑국(Van Lang)을 건립되었다. BC 257년 어우락국이 세워졌으나, BC 207년 건국된 남비엣(Nam Viet)에 의해 어우락국은 합병시켰다.[211] 당시에 청동그릇을 사용하며, 벼를 재배하였으며, 물소, 소, 돼지, 닭을 기르고 있었다.[213] 당시 주방 살림인 청동국자(그림 9-2)와 뿔모양 돌그릇(그림 9-3)을 볼 수 있다.

BC 111년에 한무제가 남비엣을 합병함으로써 북부 베트남의 홍하 삼각주는 중국의 속국이 되었다.[210]

3) 1차 중국 지배기(BC 111~D 972)

AD 40년부터 중국에 대항하는 수많은 봉기가 일어났고, 972년 독립하였다.[211] 이 시기에 베트남 스타일인 코끼리 모양으로 만들어진 청동 물단지(그림 9-4)를 볼 수 있다.

그림 9-2 **청동국자**(BC 500~AD 300, 길이 29.2㎝)
출처: 메트로폴리탄 예술박물관(www.metmuseum.org)

그림 9-3 **뿔 모양 돌그릇**
(BC 500~AD 100, 높이 7㎝)
출처: 메트로폴리탄 예술박물관(www.metmuseum.org)

그림 9-4 코끼리 머리 모양 청동 물단지
(2세기 후반~3세기)
출처: 메트로폴리탄 예술박물관(www.metmuseum.org)

그림 9-5 코끼리, 물소, 사자그림 구리접시
(8세기)
출처: 메트로폴리탄 예술박물관(www.metmuseum.org)

그림 9-6 연꽃잎 모양 물단지(11~12세기)
출처: 메트로폴리탄 예술박물관(www.metmuseum.org)

그림 9-7 모란꽃그림 접시(15세기)
출처: 메트로폴리탄 예술박물관(www.metmuseum.org)

북부지역이 천 년간 중국의 지배를 받는 동안 남부지역에 192년에 세워진 참파 왕국(Champa)은 인도문화의 영향을 받았다.[212,216] 참파왕국의 유물인 구리접시를 그림 9-5에서 볼 수 있다.

4) 베트남의 왕조 시대

(1) 전기 레(Le) 왕조(AD 980~1009)와 리(Ly) 왕조(1009~1225년)

홍하 계곡을 중심으로 전기 레 왕조가 건국되었으나 1009년에 북부지역인 Thang Long(오늘날 하노이)에 리(Ly) 왕조가 창건되어 약 200년간 통치하였다. 쌀을 증산시키고 개인의 토지 소유를 증가시키면서 국가를 발전시켰다.[210~212] 그림 9-6에서 당시의 연꽃잎 모양 물단지를 볼 수 있다.

(2) 쩐(Tran) 왕조(1225~1400년)와 2차 중국 지배기(1407~1427)

쩐 왕조는 군대를 증가시켜 몽골의 쿠빌라이 칸의 침략에 대항하였다. 그러나 군비 사용의 증가로 국가는 발전할 수 없었고 1300년대 후반의 심한 기근으로 인해 폭동이 일어나서 국력이 약해졌다. 1400년에 호 왕조가 세워졌으나 1407년 명나라에 의해 멸망하고, 이때부터 약 20년간 중국의 지배를 받았다. 중국 스타일인 모란꽃이 그려진 접시(그림 9-7)를 볼 수 있다.

(3) 후기 레(Le) 왕조(1427~1789년)

중국의 지나친 세금징수와 문화말살 정치가 이어지자[212] 1427년 명나라를 몰아내고 레(Le) 왕조를 부활시켰다. 왕들의 선정으로 국가가 부강해졌고,[210] 참파 왕국을 1471년 점령하여 홍하부터 메콩 강까지 이르는 인도차이나 반도의 동부지역을 차지하게 되었다.[213]

그러나 후기 레 왕조 수립에 함께 했던 세력들의 권력싸움으로 1627~1772년까지 100여 년 동안 내전을 하다가 휴전을 맺고 남부와 북부로 나누어 지배하였다. 오랜 내전으로 농촌은 황폐해졌으며, 북부에서는 공공 토지가 일부 지주의 손에 들어가자 배고픈 농민들이 봉기하였다.[210]

(4) 응웬 왕조(1802~ 19211)와 프랑스 식민 시대(1859~1954)

프랑스 세력을 등에 업고 후에(Hue)에 응웬 왕조를 수립했으므로[210] 이 도시는 궁중요리가 발전하게 되었다.[217] 현재의 베트남 영토는 이때 확보하였다.[211] 1500년대에 도입된 기독교가 확산되자 기독교와 프랑스의 연합을 두려워한 왕들이 수많은 기독교인과 프랑스 선교사를 살해하였다.[212]

그래서 1859년 프랑스는 사이공을 점령하였고, 베트남은 1883년 프랑스의 보호국이 되었으며 1887년 프랑스는 인도차이나 반도 전체를 점령했다. 1940~1945년까지 일본에 점령당했으나 1945년 일본군은 항복하였고 공산당에 의해 임시 베트남 민주공화국이 수립되었다. 1945~1954년까지 베트남과 프랑스가 제1차 인도차이나 전쟁을 하였으며, 1954년 프랑스군이 항복하였다. 베트남 공산주의자들은 1950년 베트남민주공화국을 수립했다.[211,212]

5) 대미 항쟁기(1954~1973)와 독립

1954년 프랑스는 베트남민주공화국을 인정하는 제네바 협정을 체결했으며 북위 17도를 경계로 남북이 분단되었고 남부지역에 미국의 지원을 받은 베트남공화국이 1955년 탄생하였다.[210] 1957년 베트콩의 베트남공화국 침략으로 발생한 제2차 인도차이나 전쟁에 미국은 1965~1973년까지 참전하여 베트남공화국을 지원했으나, 1975년 베트남 공화국 정부가 항복하고 베트남은 공산화 되었다. 1976년 하노이를 수도로 하는 베트남사회주의공화국이 탄생되었고 국토는 다시 통일되었다.[210, 212]

3. 음식 문화

벼농사와 어업으로 생활해왔으므로 주된 식품은 쌀과 해산물이다.[213] 주식과 부식의 구별이 뚜렷하며,[210,212] 자주 먹는 해산물은 다랑어, 전갱이, 삼치, 도미, 멸치, 새우, 게,[223] 오징어, 해삼, 바다 고슴도치, 홍합, 고래, 게, 새우 등이다.[213] 생선은 간단히 먹을 경우 기름에 튀겨 먹고, 요리를 할 때에는 각 부위별로 다양한 종류의 음식을 만들어 낸다.[218] 즐겨먹는 채소는 파, 배추, 당근, 미나리, 무, 시금치, 죽순, 버섯 등이 있으며[223], 대부분 날 것으로 즐기며[218] 볶음, 튀김, 절임 등으로 조리하여 먹는다.[213] 흔한 과일은 망고, 바나나, 코코넛, 망고스텐,[212] 배, 석류, 복숭아, 서양자두, 오렌지, 귤, 리치, 레몬, 파파야, 구아버(guava), 두리안, 파인애플, 멜론 등이 있다.[213] 돼지, 닭, 물소, 소, 개, 오리, 개구리,[219] 비둘기의 고기도 먹는다. 식량이 부족했던 농부들이 곤충으로 영양공급을 했던 것처럼 여러 종류의 곤충을 식용으로 사용한다.[213]

그러므로 식사는 쌀밥과 국(혹은 스프), 해산물, 채소, 고기, 열대과일로 주로 구성된다.[223] 둥근 테이블 위에 큰 쌀밥 그릇을 갖다 놓으면 각 개인의 밥그릇에 밥을 덜고, 밥공기에 입을 대고 젓가락으로 밥을 먹으며 국은 숟가락으로 먹는다.[210,212]

베트남 음식의 공통된 특징은 느억맘(nuoc mam)을 거의 모든 요리에 사용하고, 고수(rau thom, 라우 텀, coriander)를 많이 사용하며[220] rice paper(Banh Trang, 바인 창)[223]나 양상추에 고기나 생선을 싸서 먹는다는 것이다.[220] 느억맘은 베트남 음식을 상징하는 음식으로[213] 우기의 끝인 11월에 많이 잡힌 작은 생선을 저장하기 위해 같은 양의 소금을 넣어 8개월가량 발효시켜[223] 끈적끈적한 액상이 된 생선 액젓이다. [214]

1) 쌀 요리

(1) 밥

멥쌀을 이용하여 밥, 쌀국수, rice paper, 죽을 만들고, 찹쌀로도 떡, 과자, rice paper을 만든다. 멥쌀밥은 일상식이지만, 찹쌀밥은 특별한 음식이다.[213] "얻어먹는 주제에 찹쌀밥 달라고 한다"는 속담에서 볼 수 있듯이 찹쌀을 귀하게 여겨서 떡을 만드는 데 주로 사용된다.[221] 장립종과 단립종 쌀을 모두 사용하며, 밥을 지을 때는 멥쌀을 익힌 다음 작은 불로 뜸을 들인다.[210]

(2) 쌀국수

베트남에서 밥만큼 많이 먹는 것은 '퍼(pho)'(그림 9-8)라고 하는 뜨거운 쌀국수이며[212] 불린 쌀을 갈아 판 위에 얇게 펴서 뜨거운 수증기로 익혀낸 후 썰어서 국수를 만든다.[223] 육류와 채소를 넣어 끓이고 상에 내기 직전에 숙주나물과 신선한 향신료를 넣어 양념과 함께 먹으며 아침식사로 자주 먹는다.[212] 19세기 중반에 프랑스가 베트남을 지배할 당시에 프랑스 귀족들이 고기만 먹고 뼈는 버리는 것을 본 베트남인 조리사가 뼈를 우려내어 국물을 내고 거기에 국수를 만든 것에서 시작되었다. 북쪽인 하노이에서 탄생한 쌀국수가 남쪽까지 보급될 수 있었던 이유는 1954년 베트남이 남북으로 분단되자 북에서 남으로 이주한 실향민들이 먹고 살기위해 쌀국수를 만들어 팔았기 때문이다.[222]

그림 9-8 퍼
촬영: 김지송

(3) Rice paper

쌀로 얇게 종이처럼 만들어 말려 놓은 rice paper(그림 9-9)로 생채소를 싸서 먹는다.[219] '넴(nem)'이라고 하는 음식은 rice paper를 물에 적셔 펴고 그 속에 돼지고기, 버섯, 당면, 녹두순, 야채 등을 넣고 말아 기름에 튀긴 음식으로, 주로 입맛을 내는 식전 음식으로 식탁에 오른다.[218]

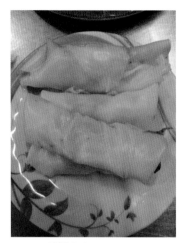

그림 9-9 rice paper
촬영: 김지송

2) 외국의 영향

지리적 위치로 인해 역사적으로 중국, 인도, 프랑스의 영향을 많이 받았다.[214]

(1) 중국과 인도

약 천 년간 중국의 지배를 받았으므로 젓가락을 사용하고 중화 팬(wok)을 사용한 볶음, 튀김, 찜, 탕 등의 요리가 많게 되었다.[52,216,217,225] 중국에서 국수, 간장, 두부 등을 도입했으므로 북부지역은 간장을 더 자주 사용하여,[220] 짜면서 맵게 맛을 내며[223] 중남부에 비해 요리가 단순하고[220] 덜 맵고 향이 강하지 않다.[226] 16세기에 중국에 사신으로 갔던 풍 칵 코안이 옥수수, 참깨를 가지고 와서 베트남에 보급시켰다.[123]

남부지역은 인도의 영향을 받아 신선한 허브를 많이 사용하며,[220] 코코넛밀크, 커리,[227] 향신료를 도입했으므로 음식이 더 달고[223] 향이 강하다.[216] 중부지역은 붉은 고추로 맵게 맛을[223] 낸 국물을 좋아하며 1,800년의 응웬 왕조의 영향으로 궁중요리가 발전했다.

(2) 프랑스

1859~1954년의 프랑스 식민시대를 통해 프랑스의 영향을 받아 요리가 더 정교해졌으며, 초콜릿, 페이스트리[216], 버터, 요구르트를 도입했다.[220] 바게트 빵으로 만든 샌드위치인 '반미(banh mi)'를 아침이나 간식으로 즐겨먹는다.[228] 스프, 아스파라거스,[219] 껍질콩, 감자 등도 많이 먹게 되었다.[225]

논이 대부분 물에 잠겨 있어서 사육할 풀이 충분하지 않았기 때문에, 베트남인들에게 유제품 섭취의 전통이 없었으나 프랑스 사람들이 베트남에 소개했을 때부터 유제품을 섭취하게 되었다.[210] 1857년부터 커피나무를 재배했는데[213] 프랑스인에 의해 1920년대에 1,400~1,500m의 다랏(Da Lat) 고원 지대에 커피 농장이 세워져 질 좋고 맛이 뛰어난 커피가 생산되었기 때문에[225] 즐겨먹으며 진한 커피를 마신다.[213,223]

프랑스 식민지가 되기 전까지 누구나 자유롭게 술을 빚어 먹거나 매매할 수 있었지만 프랑스는 개인의 술 제조를 법으로 엄격히 금지하였다.[229] 20세기 초에 프랑스 사람이 맥주 제조기술을 들여와서 맥주를 생산하기 시작하자, 베트남인들이 맥주를 마시기 시작했다.[210]

3) 음료

베트남의 물은 석회 성분이 있어 그냥 마시기에 적당하지 않기 때문에[225] 찬물은 거의 마시지 않으며[213] 베트남에서 가장 선호되는 음료는 차이다. 식전과 식후에 차를 마시며 식사 중간에는 마시지 않는다. 꽃봉오리, 재스민, 국화 또는 연꽃봉우리를 넣은 화차(花茶)를 즐겨 마신다.[225] 화차 이외에도 중국차, 베트남 고유의 녹색 차, 천연으로 말린 차, 열을 가해 익힌 차 등이 있다.[123]

사탕수수 즙, 열대과일을 갈은 과일즙을 많이 즐기며,[225] 레몬, 오렌지, 파인애플, 코코넛, 바나나, 파파야 등으로 과일즙을 만든다.[213]

4) 음양의 조화

질병은 음양의 부조화(찬 것과 더운 것의 균형 상실)에서 기인하는 것이라고 생각했기 때문에 차가운 음식과 더운 음식의 균형을 중요하게 여긴다. 예를 들어, 더운 음식인 생강을 찬 음식인 야채, 배추, 호박 등의 양념으로 사용한다. 또한 베트남 중부와 남부는 찬 음식인 해산물을 많이 먹기 때문에 더운 음식인 고추를 많이 먹는다.[210]

5) 명절

음력설날(Tet, 뗏)은 가장 큰 명절이며, 설날 음식으로 반쯩(Banh Chung: 찹쌀 반죽에 소고기, 양파, 고추, 푸른 콩을 넣고 종려 나뭇잎으로 싸서 찐 것)[213], 반뗏

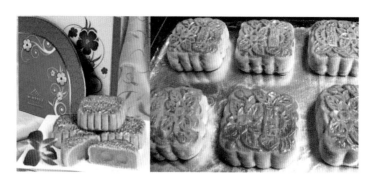

그림 9-10 반쭝투[231]

(Banh Tet)을 먹는다.[230]

추석(Trung Thu, 쭝투)은 음력 8월 15일이며, 추석 빵인 반쭝투(Banh Trung thu : 빵 속을 계란이나 돼지고기로 채운 것)를 먹는다.[231]

6) 열량 공급 식품

표 2-8에서 2013년 베트남 1인1일 열량공급 식품 중 쌀이 1,390kcal(50.6%)로 가장 높으며 표 2-8의 10개 국가 중 쌀의 공급 열량이 가장 높았다. 밀 80kcal로 10개 국가 중 밀의 열량공급이 가장 낮았다. 육류 중 가장 많은 열량은 공급하는 것은 돼지고기(344kcal)이었고, 닭고기(46kcal)와 소고기(28kcal)의 열량공급이 적은 편이었다. 어패류의 열량공급은 52kcal로 닭이나 소고기보다 더 높은 열량을 공급하고 있었다. 채소류의 공급열량은 95kcal로 베트남과 일본보다 많았지만, 한국과 중국보다 적었다. 계란(15kcal)과 우유(27kcal)의 공급 열량은 적은 편이었다.

chapter 10

필리핀

1. 국가 개요

1) 국토

필리핀의 국토는 7,107개의 크고 작은 섬으로 구성되어 있으나(그림 10-1) 대부분의 섬은 이름 없는 암초이거나 산호초이고, 사람이 정착하고 있는 섬은 880개 정도이다.[112] 국토의 면적은 총 300,000㎢로 한반도의 1.3배에 이르며, 국토의 41%가 경작지이다.[49] 루손(Luzon) 섬과 민다나오(Mindanao)섬이 국토 면적의 65%를 차지한다.[108] 그 밖의 주요 섬으로는 양대 섬 사이에 있는 비사야(Visayas) 제도의 7개의 섬 및 민도로(Mindoro), 팔라완(Palawan) 섬이 있다.[112]

필리핀 군도는 남북으로 1,851km, 동서로 1,107km에 분포되어 있어서 국토면적의 5배가 넘는 약 150만㎢의 영해를 관할하고 있다. 이와 같은 필리핀 군도의 위치와 성격은 일찍부터 중국 문물과 외부세계가 접촉하는 해상의 관문 역할을 하였다.[235]

그림 10-1 필리핀 지도[49]

필리핀은 환태평양 화산대와 환태평양 지진대가 지나고 있기 때문에 화산이 많고 지진이 잦다. 산이 많은 지형이라 평야는 많지 않으며 농경지도 부족한 편이다. 화산작용에 의해서 토양은 일반적으로 비옥해서 연 3번의 벼농사가 가능하다.[112] 루손(Luzon)섬의 산악지역 사람들은 농토가 부족하기 때문에 경사진 산을 개간해 광대한 계단식 논을 만들었으며 이는 오늘날 세계 8대 불가사의로 불린다. 이 계단식 논을 필리핀 라이스 테라스(Rice terrace)라고 부른다.[108] 벼 이외에도 옥수수, 파인애플, 바나나 등을 많이 재배되고 있다.[112]

2) 기후

북위 4~21°의 열대권에 위치하므로[112] 고온 다습한 아열대 몬순기후이다.[236] 연평균기온은 27℃ 정도이며[112] 평균 강우량은 2,336mm이다.[235]

3) 인구와 종교

2015년 7월 인구는 약 1억 100만 명이며, 타갈로그족(Tagalog, 28.1%), 세부아노족(Cebuano, 13.1%), 일로카노족(Ilocano, 9%), 비사야족(Bisaya, 7.6%) 등이 주요 민족이다. 공식어로 타갈로그어를 기초로 한 Filipino와 영어를 사용하며 이외에 8가지의 방언이 있다.[49]

스페인 통치의 영향 때문에 국민의 83%가 가톨릭, 이슬람교 5%, 개신교 2.8%, 불교 및 기타 3% 이다.[236] 이슬람교도가 많은 남부지역을 제외하고 식품에 대한 금기가 없다.[238]

2. 역사

1) 스페인 정복(1565년) 이전

약 25,000년 전 원주민인 네그리토(Negrito)가 보루네오(Borneo)와 수마트라(Sumatra)에서 이주하여 정착하였다.[238] 구석기시대는 BC 45,000~6,000, 신석기시대는 BC 6,000~BC 2,000, 금속(metal)시대는 BC 2,000~AD 1000년으로 배와 그릇(그림 10-2, 그림 10-3)을 만들고,[239] 중국의 남쪽에서 온 이주민이나 북부

그림 10-2 Manunggul 항아리
(BC 890~710)

출처: National Museum of the Philippines
(http://www.nationalmuseum.gov.ph/,
accessed 2015. 12.25)

그림 10-3 사람 모양 그릇
(BC 5~AD 225)

출처: National Museum of the Philippines
(http://www.nationalmuseum.gov.ph/,
accessed 2015. 12.25)

그림 10-4 상아도장
(AD 1002)

출처: National Museum of the Philippines
(http://www.nationalmuseum.gov.ph/,
accessed 2015. 12.25)

베트남인들이 물 있는 땅에서 쌀을 재배하는 것을 BC 2000년경 필리핀에 도입했다.[39]

BC 300~BC 200년경 인도네시아 서부와 보루네오에서 말레이족이 이주해와서 철기를 도입했고[240] 들소와 말을 길렀으며, 베를 짜고 도자기를 만들며, 과일과 향료의 재배를 도입하였다.[237] 네그리토족이나 인도네시아족에 비해서 문화수준이 높았던 말레이족은 평야지대를 중심으로 집단 부락생활을 영위하였고 필리핀의 문화를 주도해왔다.[241]

9세기경부터 중국 등의 인접국가와의 교역(그림 10-4)도 시작을 하였고,[241] 10세기경부터 중국인들이 대거 유입되기 시작하였다. 이들은 주로 중국과 외부세계의 중계무역을 목적으로 필리핀 군도의 요충지에 자리 잡았다.[237]

13~14세기경 인도네시아에서 온 이주민들이 슬루(Sulu)와 민다나오 섬으로 왔고 이슬람교가 필리핀 남부해안지역에 전파되기 시작하였다.[238, 240] 15세기 후반에는 말라카를 중심으로 한 무역이 활발해졌다.[254]

2) 스페인 정복 이후(1565년~)

포르투갈의 귀족인 마젤란(Ferdinand Magellan)은 1519년 스페인 왕의 도움을 받아 세계일주 항해에 나섰고 1521년 필리핀에 상륙하였다. 멕시코에서 온 스페인인들이 1565년 필리핀을 정복했고 당시 스페인왕의 이름인 Felipe로부터 Philippines 라고 불렀다.[242] 당시 세부 섬의 필리핀 사람들은 중국, 아랍, 이슬람과의 무역관계로 섬을 방문하는 사람들을 환영하는 데 익숙해 그들을 환영했다. 1571년 세부에서 마닐라로 식민지의 중심을 옮기고 해상무역을 장악했고 330년간(1565~1898년) 멕시코의 스페인 총독이 간접 통치하면서[236] 가톨릭 전파를 통해 필리핀을 스페인화하기 위해 노력하였다.[243]

1890년대에 발생한 스페인과 미국과의 전쟁에서 미국이 승리하자 1898년 12월 스페인은 대가를 받고 미국에 필리핀을 이양했다.[236] 미국점령기(1899~1941년)와 일본 점령기(1942~1945년)를 거친 후 1946년 필리핀은 독립하였다.[243]

이와 같은 역사를 통해 필리핀인은 중국의 영향을 받아 유교주의와 가부장주의에 기초한 권위주의 성향이 있으며 스페인과 미국의 영향을 통해 실리에 입각한 개인주의 성향을 갖고 있다. 그래서 동양속의 서양인으로 표현하기도 한다.[237]

3. 음식 문화

필리핀인들은 대나무집에서 살고 대나무를 이용하여 춤추고 노래하며 요리하고, 대나무를 먹고, 대나무 창으로 물고기를 잡고 사냥하므로 대나무사람이라고 한다.[238]

필리핀 음식에는 세 가지 특유의 원칙이 있다. 첫째, 어떤 식품이라도 단독으로는 조리하지 않는다. 둘째, 음식을 라드나 올리브기름에 볶은 마늘을 섞어 조리한다. 셋째, 시고, 짭짤한 맛이 섞여 있도록 음식의 맛을 낸다.[244]

1) 밥이 주식이다.

인디카형의 쌀을 주로 이용하며 이외에 옥수수와 카사바를 주식으로 이용하고 있다. 밥 한 컵에 1~2가지 반찬과 국물 문화가 있다는 점은 한국과 비슷하다.[242,245] 동서양 음식문화의 혼합이라고 할 수 있는 필리핀 음식은 주식인 쌀밥과 함께 해산물, 돼지고기, 닭고기, 옥수수, 과일, 야채들을 즐겨먹는다.[246] 필리핀 사람들은 밥을 안 먹는 건 식사가 아니라고 생각한다. 필리핀 패스트푸드점에서는 밥을 포장하여 팔기 때문에 대부분 필리핀 사람들은 햄버거와 밥, 치킨과 밥을 먹으며 한 끼 식사를 한다. 보통 한국은 국수를 밥 대신 먹지만 필리핀의 경우 국수를 반찬처럼 취급하여 밥과 면, 국물을 조금씩 비벼서 먹는다.[247]

식초와 칼라만시(calamansi, 라임류)에 재운 날생선이나 쥐똥고추(프릭키누, phrik khi nu), 양파를 기본반찬으로 먹는다.[248] 필리핀에는 과일종류도 많지만 과일을 삶거나 튀기는 등 그 조리 방법이 다양하다. 손으로 음식을 먹을 때나 야외에서 식사를 할 땐 바나나 잎사귀가 접시 대신 사용된다.[246]

2) 외국의 영향을 받은 필리핀 요리는 다채롭고 복합적이다.

(1) 말레이족의 영향

해산물을 이용한 전통 요리들은 일찍이 보르네오 섬에서 건너온 초기 개척자인 말레이 족의 음식에서 발생한 것으로 필리핀 요리 중에서 역사가 가장 오래 되었다. 말레이족은 쌀, 마늘, 생강, 코코넛밀크, 염장건어류, 새우, 액젓, 구운 돼지고기, 땅콩, 향신료 등을 주로 사용한다.[238] 카레카레(Kare-Kare: 인도와 동남아시아 커리의 혼합 형태로 고기에 야채, 땅콩소스를 넣은 스튜)와 디누구안(Dinuguan: 돼지피, 칠리 넣고 끓인 스튜)이 말레이족의 영향을 받았다.[212]

(2) 중국의 영향

중국에 의해 볶는(sauteed) 요리, 쌀케익, 국수를 영향 받았다.[238] 밀전병에 소를

그림 10-5 룸피아(Lumpia)
자료: 쌀 박물관, 촬영: 정윤희

넣고 튀겨낸 에그롤인 룸피아(Lumpia, 그림 10-5), 국수인 팬시트(Pansit), 축제나 파티에 빠지지 않는 어린돼지 통구이인 레천(Lechon)은 모두 중국에 그 기원이 있다.[247]

(3) 스페인의 영향

현재 필리핀 음식의 약 80%가 스페인의 영향을 받았다.[242] 특히 밀, 콩, 감자, 카카오, 커피 등을 도입하여 필리핀 식생활에 변화를 주었다.[249] 올리브오일에 양파와 토마토, 마늘을 넣고 볶는 조리법(sauteing)을 도입했고 제과류와 후식에도 영향을 주어서 점심과 저녁식사에 항상 후식이 따른다.

메뉴도(Menudo: 돼지고기와 돼지간 스튜)와 아도보(Adobo: 식초, 간장, 마늘로 양념하여 졸인 닭, 돼지고기)도 스페인의 영향을 받아 형성되었다.[242] 시니강(Sinigang: 생선, 해산물, 야채, 고기와 신맛의 과일 들을 넣고 끓인 sour soup)은 스페인 수프에 영향을 받았으며, 스페인 볶음밥인 파에야(paella)는 필리핀의 각 지역에 따라 다른 모습으로 정착되었다. 롱가니사(Longganisa) 등 필리핀의 소시지 문화도 초리조(Chorizo)라는 스페인식 소시지 문화에서 온 것이다.[248]

(4) 미국의 영향

미국인들이 감자튀김, 마카로니샐러드, 과일파이, 햄버거, 통조림 식품[242], 샌드위치[238], 바비큐 조리법을 도입했다. 필리핀 사람들은 숯불 위에 각종 고기와 해산물을 올려놓고 구운 바비큐를 즐긴다. 달콤한 양념 역시 하와이나 캘리포니아 스타일과 비슷하다.[248]

(5) 일본의 영향

스시, 덴뿌라, 국수가 도입되었다.[242]

3) 해산물 요리의 발달

7천여 개의 크고 작은 섬으로 이루어진 필리핀에서 해산물만큼 풍부한 음식재료도 없다.[247] 새우, 게, 굴, 생선, 가재 등을 이용한 기본적인 해산물 요리는 대부분 튀기거나 구워서 다양한 소스와 함께 먹는다. 항구에 가까운 사람은 신선한 생선을 먹지만, 대부분은 소금에 절여서 말린 것을 먹으며, 소비되는 생선의 약 90%는 소금에 절이고 말려서 가공한 것이다.[250]

참치는 샐러드, 스프, 구이 등 다양하게 요리하며 인기 있다. 민다나오 섬 남부에 있는 제너럴 산토스시티(General Santos City)는 연간 40만 톤의 참치 어획량을 자랑하는 세계 최대의 참치도시로 매년 참치축제를 개최한다.[251]

4) 육류 음식의 발달

돼지고기가 인기가 있으며, 닭고기, 소고기도 즐겨 먹으며, 부분적으로 개고기를 먹는 지역도 있다.[242]

5) 식사 형태

일부 지역에서는 지금도 오른손으로 쌀밥, 생선과 고기, 야채를 함께 동그랗게 뭉쳐서 먹지만[242] 스페인과 미국의 영향으로 도시에서 대부분 포크와 스푼을 사용한다.[244]

전통적인 식사는 밥과 생선, 신선한 과일, 그리고 필리핀 빵인 엔사이마다(ensaimada)를 먹는다. 하루에 세 끼를 먹으며 간식을 많이 한다. 간식을 많이 하는 습관은 다른 동남아시와의 나라들과 동일하다.[244]

식사시간은 대부분 일정하며[252] 아침식사로는 마늘을 넣고 기름에 볶은 밥, 소시지, 인스턴트커피, '마이로'라고 하는 뜨거운 보리 음료나 코코아를 먹지만 가끔 밥 대신 빵을 먹기도 한다.[244] 아침 이외에는 더운 음료를 마시지 않고 손님에게 내주는 것은 주로 탄산음료(콜라)이다.[252] 점심과 저녁에는 경제적인 여건에 따라 요리의 종류가 변한다. 중상류의 가정에서의 여러 요리를 먹으며 아침, 점심, 저녁 식단의 구분은 별로 없다. 메리엔다(merienda)라 하는 것은 오후 3~6시에 간식으로 홍차나 커피와 같이 먹는 음식이다.[244] 스페인계 가정들은 저녁을 밤 8~9시 이후에 식사를 하기도 한다.[252] 그리고 가정에 초대받은 손님은 식사를 끝낼 때 접시에 음식을 조금 남기는 것이 예의이다.[253]

표 2-8에서 2013년 필리핀 1인1일 열량공급 식품 중 쌀이 1174kcal로 가장 높고 표 2-8의 국가 중 베트남 다음으로 쌀의 공급 열량이 높았다. 밀 172kcal, 옥

수수 120kcal이었다. 카사바의 공급 열량이 64kcal로 표 2-8에서 페루 다음으로 높았으며, 과일의 공급열량은 139kcal로 아시아의 다른 4개국보다 높았다. 육류 중 돼지고기의 공급열량이 174kcal로 높았고 닭고기 41kcal, 소고기 15kcal로 소고기의 열량공급이 적은 편이었다. 어패류의 열량공급은 58kcal로 닭이나 소고기보다 더 높은 열량을 공급하고 있었다. 계란 16kcal로 적은 편이었으며, 우유의 공급열량은 18kcal로 표 2-8의 10개 국가 중에서 가장 적었다.

참고문헌

1. Barer-Stein, Thelma, You eat what you are: a study of ethnic food traditions, pp 359~362, pp 376~378, McClelland and Stewart, Toronto, Canada, 1980

2. 재래드 다이아몬드, 총, 균, 쇠, 문학사상사, 2005.

3. 유태용, 인류의 문화를 찾아서, 학연문화사, 1999

4. 다나카 마사타케, 재배식물의 기원, 전파과학사, 1992

5. 윤서석, 한국의 국수 문화의 역사, 한국식문화학회지 6(1): 85~94, 1991

6. 인구보건복지협회, 세계인구,http://www.ppfk.or.kr/, accessed 2015. 9.7.

7. 앤서니 가든스, 현대사회학, 을유문화사, 2004

8. 국립광주박물관, 영신사, 2003.

9. 한국생활사박물관 편찬위원회, 한국 생활사 박물관 1-선사생활관 , 사계절, 2000.

10. 국립중앙박물관, 2005 국립중앙박물관, 솔출판사, 2005

11. 두산동아 백과사전연구소, 두산 세계 대백과 사전, 두산동아, 2002.

12. 줄리엣 클루톤브록, 포유동물의 가축화역사, 민음사, 1996

13. 학원출판 공사 사전 편집국, 학원 세계 대백과 사전, 2000

14. R. Messent, 동물대백과, 아카데미 서적, 1995

15. 피에르 제르마, 누가 처음 시작했을까, 하늘 연못, 1996

16. Marion Morrison, Peru, Scholastic Children's press, New York, 2010

17. Bruce D. Smith, The emergence of agriculture, Scientific america library, 1995.

18. 최몽룡, 도시,문명,국가, 서울대학교 출판부, 1997

19. Michael D. Coe & Rex Koontz, Mexico : From the Olmecs to the Aztecs, 6th ed. Thames & Hudson Ltd, Newyoo가, 2008.

20. Janer Long-Solis and Luis Alberto Vargas, Food culture in Mexico, Greenwood Press, CT, 2005.

21. Blacker Maryanne, Peru, pp 284~286, Dorling Kindersley Publishing Inc, New York, 2008.

22. Kenneth F. Kiple, A movable feast: Ten millennia of food globalization, Cambridge University Press, 2007.

23. Jonathan D. Sauer, Historical geography of crop plants: a select roster, Lewis publichers, Boca Raton, Florida, 1993.

24. 형기주, 농업지리학, 법문사, 1993

25. 한국농존경제연구원, 식품수급표 2004. 2005

26. 한국은행경제 통계 시스템, www.bok.or.kr

27. 한국농존경제연구원, 2008년도 식품수급표, 2009, http://www.krei.re.kr/kor/issue/report_view.php?reportid=E05-2009 &reportclass=x [accessed 2010. 12. 29.]

28. 한국농존경제연구원, 식품수급표 2013, 2014, .

29. Massimo Montanari, The culture of Food, Blackwell publishers, Oxford UK & Cambridge USA, 1994

30. 메트로폴리탄 예술박물관 홈페이지, http://www.metmuseum.org/

31. 국가통계포털, 성별등록외국인수, www.kosis.kr, accessed 2015. 8.11.

32. e나라지표 http://www.index.go.kr, accessed 2015. 8.11

33. 국가통계포털, 인구동태건수, www.kosis.kr, accessed 2015. 8.11

34. 장미라, 식생활과 문화, 신광출판사, 2012.

35. 小石秀夫, 鈴木繼美편저, 문수재역, 영양 생태학-세계인의 식생활과 영양, 신광출판사, 1989.

36. 이시게 나오미찌(石毛直道), 鄭大聲, 食文化 入門, 講談社, 2005.

37. Jose Rafael Lovera, Food culture in south America, Westport, CT, Greenwood Press, 2005

38. Monfreda, C., N. Ramankutty, and J.A. Foley. farming the planet: 2. Geographic distribution of crop areas, yields, physiological types, and net primary production in the year 2000. Global Biogeochemical Cycles 22: GB1022. doi:10.1029/2007GB002947, 2008

39. International Rice Research Institute, Rice Almanac: source book for one of the most important economic activities on earth, 4th ed. Global rice science partnership , 2013,

40. Billie Leff,1 Navin Ramankutty, and Jonathan A. Foley, Geographic distribution of major crops across the world, GLOBAL BIOGEOCHEMICAL CYCLES 18: GB1009, doi:10.1029/2003GB002108, 2004

41. 국가통계포털, http://kosis.kr/wnsearch/totalSearch.jsp, 2014 국제통계연감

42. http://faostat3.fao.org, accessed 2015. 7.23

43. Nikos Alexandratos and Jelle Bruinsma, Food and Agriculture Organization of the United Nations, Agricultural development economics division, World agriculture: towards 2030/2050: the 2012 revision, FAO Rome, 2012

44. Food and Agriculture Organization of the United Nations, World agriculture: towards 2015/2050, FAO Rome, 2002

45. 유엔세계식량협회, 2014년 헝거 맵, http://ko.wfp.org/ accessed 2015. 12. 10

46. Concern worldwide, Living inn the hollow of plenty: world hunger today. www.concern.net/hungermap.accessed 2015.6.30.

47. International monetary Fund, World Economic Outlook Database, April, 2015, http://www.imf.org/external/pubs/ft/weo/2015/01/weodata/weorept.aspx?sy=2011&ey=2013&scsm=1&ssd=1&sort=country&ds=.&br=1&c=273%2C948%2C924%2C293%2C566%2C158%2C111%2C542%2C582&s=NGDPDPC%2CLP&grp=0&a=&pr1.x=63&pr1.y=14#download, accessed 2015. 6.19

48. Helstosky, Carol, Food culture in the mediterranean, Westport, CT: Greenwood, 2009

49. CIA 홈페이지, https://www.cia.gov/library/publications/resources/the-world-factbook

50. FAO, FoodBalanceSheets , http://faostat3.fao.org/browse/FB/FBS/E, accessed 2015. 6. 4

51. 이성우, 식생활과 문화, 수학사, 1999

52. 구난숙, 권순자, 이경애, 이선영, 세계속의 음식문화, 교문사, 2001

53. 김기숙, 김미정, 안숙자, 이숙영, 한경선, 식품과 음식문화, 교문사, 2001.

54. who, guidelines: sugars intake for adults and children, 2015

55. 김흥주, 슬로우프드 운동과 대안 식품 체제의 모색, 농촌사회, 14(1):85-118, 2004

60. www.wikipedia.org, accessed 2015. 12. 14

61. 정수일, 지중해 문명과 지중해학, 지중해지역연구 5(1):1~23, 2003

62. 차영길, 지중해는 로마 제국을 새롭게 이해하게 하는가? -고대사의 새로운 패러다임으로서의 전환과 관련하여-, 지중해지역연구 7(1):61~81, 2005

63. Fabio Parasecoli, Food culture in Italy, Greenwood press, Westport, Connecticut, 2004

64. Editorial, The mediterranean diet: culture, health and science, British Journal of Nutrition (2015), 113, S1-S3

65. 대한제과협회, 이탈리아 음식을 완성시키는 공신들, 한국과학기술정보연구원, 제8권: 94~95, 2005

67. R. 탄나힐, 손경희역, 식품문화사, p97, 효일문화사, 1991.

68. 프랑수아 트라사르, 파라오시대 이집트인의 일상, 북폴리오, 2002

69. 마크 쿨란스키, 음식사변, 산해, 2003

70 아니 위베르, 클레르 부알로, 미식, 창해, 2000

71. Amy Riolo, The ultimate Mediterranean diet cookbook, p88, Fair winds press, Beverly, M.A. 2015

72. 장혜진, 이탈리아의 지역음식문화에 관한 고찰-전통요리를 중심으로-, 한국조리과학회지 9(4):203~220, 2003

73. 이성우, 조미향신료의 역사, 한국식문화학회지, 5(3):373~379, 1990

74. 마귈론 투생-사마, 먹거리의 역사, 까치글방, 1987.

75. 레이 태너힐, 손경희 역, 음식의 역사,p89 우물이 있는 집, 2006

76. Alberto Capatti & Massimo Montanari, Italian Cuisine a cultural history, Columbia University press, New york, 2003

77. 황승경, 이탈리아 음식(la cucina italiana), 한국논단 273권: 198~207. 2012

78. Massimo Montanari, Italian identity in the kitchen, or food and the nation, Columbia university press, NY, 2013

79. 몬타리나 맛시모, .유럽의 음식문화, 새물결, 2001

80. 오와다 데쓰오, 사건과 에피소드로 보는 도쿠가와 3대, 청어람 미디어, 2003

81. FAO . Egypt- wheat sector review, 2015

82. Hyvee seasons,9(5), Hy-vee, Inc., 2015

83. St. Louis Zoo 홈페이지, http://www.stlzoo.org/, accessed 2015.12.15

91. Jack R. Harlan, Crops and man, Madison, Wis., USA : American Society of Agronomy : Crop Science Society of America, 1992

92. Lincoln Park Zoo, http://www.lpzoo.org/animals/factsheet/muscovy-duck , accessed 2015. 4. 18

93. Dyson, John, Columbus -for gold, god and glory, Simon and Schuster, New york, 1991.

94. Alfred W, Crosby, JR, The columbian Exchange: Biological and cultural consequences of 1492, Greenwood Publishing Company, Westport, CT, 1972.

96. http://www.whats4eats.com/, accessed 2015. 2. 6

97. 외교부 홈페이지, http://www.mofa.go.kr/countries/southamerica/countries/20110808/1_22899.jsp?menu=m_40_40_20, accessed 2015. 1. 26

98. 주 페루 대한민국대사관 홈페이지, http://per.mofa.go.kr/korean/am/per/information/life/index.jsp, accessed 2015. 1. 26.

101. 외교부, 멕시코 개황, 2010

102. Charles Philips, The illustrated Encyclopedia of the Aztec & Maya, Anness Publishing Ltd, 2006.

103. Sedwick county Zoo: https://scz.org/animal_exhibits-south_america.php , accessed 2015, 4.18.

104. 최명호, 키워드로 읽는 라틴아메리카 문명, 이펍코리아, 2013

105. 최명호, 메소아메리카 문명, 이펍코리아, 2013

107. 브리테니카사전, http://library.eb.com/levels/youngadults, accessed 2014. 11. 16.

108.네이버지식백과, http://terms.naver.com/search.nhn?query=tamal, accessed 2014. 11. 12.

111. Jacqueline M. Newman, Food culture of china, Westport, conn: Greenwood

112. 두산세계대백과 Encyber, http://www.encyber.com, accessed 2015 10. 1.

113. 이상오, 중국 북방유목 민족 음식문화의 주요특징, 충북대학교 인문학연구소 인문학지 제41 집:217~228, 2010

114. 장징, 공자의 식탁, 뿌리와 이파리, 2002

115. 주영하, 중국, 중국인, 중국음식, 책세상, 2000

116. 주영하, 중국인의 전통적인 음식소비와 그 문화체계, 민족학연구 제5집:49~86, 2001

117. 김병호, 중국의 음식문화 연구, 민족과 문화 제 6집:121~153, 1997

118. Kwang-chih, Chang, Food in chinese culture: anthropological and historical perspectives, Yale University Press, London, 1977

119. 고광석, 중화요리에 담긴 중국, 매일경제신문사. 2002

120. 리우쥔루, 중국문화(3) 중국음식, 도서출판 대가, p27, 30, 40, 64, 136, 142, 2008

121. 시노다 오사무, 중국음식문화사, 민음사, 1995

122. 신계숙, 중국의 식문화, 국민영양 99(10), 41, 1999

123. 김태정, 손주영, 김대성, 음식으로 본 동양문화, 대한교과서, 1998

124. 이해원, 중국의 음식문화, p67, 127, 149,고려대학교 출판부, 2010

125. 윤서석, 한국의 국수 문화의 역사, 한국식문화학회지, 6(1):85~94, 1991

126. 가혜원(Hui Xuan Jia) , 중국의 식생활과 문화, 영남대학교 생활과학연구소 국제학술심포지움, 61~78, 2000

127. Ishige Naomichi(石毛直道), The history and culture of Japanese food, Kegan Paul, UK, 200

128. 한복진. 세계 두부 조리의 문화,p95-144, 동아시아 실생활학회 두부심포지움, 1998.

129. 명원다회, 서정주역, 다경, 동다송, 다신전, 1980.

130. 강태권, 중국의 음식문화(3)-차의 전래와 가공법 등-, 중국학논총 제25집:141~170, 2009

131. 츠노야마사가에, 녹차문화 홍차문화, 예문서원, 2001

132. 송촉화, 중국의 음식문화와 생태환경, 민족과 문화 제 6집, 93~105, 1997

133. 김지영, 류무희, 중국 식문화의 역사적 고찰, 한국조리과학회지 9(4):221~237, 2003

134. 쓰지하라 야스오, 음식 그 상식을 뒤엎는 역사, 도서출판 창해, 2002

135. 캐롤 M, 코니한, 음식과 몸의 인류학, 갈무리, 2005

136. 유애령, 식문화의 뿌리를 찾아서, 교보문고, 1997.

137. 중국사학회, 중국역사박물관 1 -역사이전·하·상·서주, 범우사, 2004

138. 국립고궁박물원, 새로운 고궁을 만나다, 2008

139. 중국 역사박물관, 문물시공, 개명 출판사, 2003

140. 한국생활사박물관 편찬위원회, 한국 생활사 박물관 3-고구려생활관 , 사계절, 2001.

141. 한국생활사박물관 편찬위원회, 한국 생활사 박물관 1-선사생활관 , 사계절, 2000

142. 윤서석, 우리나라 식생활 문화의 역사, 신광출판사, 1999

143. 강인희, 한국식생활사, 삼영사, 1995.

144. 서울육백년사 홈페이지, http://seoul600.visitseoul.net/seoul-history/600year02.html

145. 국립중앙박물관, 2005 국립중앙박물관, 솔출판사, 2005

146. 한국역사연구회, 삼국시대 사람들은 어떻게 살았을까, 청년사, 1998

147. 김상보, 한국의 음식생활 문화사. 광문각.159,171. 2001

148. 이철호, 맹영순, 한국 떡에 관한 문헌적 고찰, 한국식문화학회지 2(2): 117~132, 1987.

149. 국립청주박물관, 통천문화사, 2001.

150. 국립광주박물관, 영신사, 2003.

151. 김은미 외 7명, 17세기 이전 주식류의 문헌적 고찰, 한국조리과학회지, 22(3): 214~336, 2006

152. 한국생활사박물관 편찬위원회, 한국 생활사 박물관 4-백제생활관 , 사계절, 2001.

153. 윤서석, 한국식생활의 통사적 고찰, 한국식문화학회지 8(2): 201~216, 1993

154. 강인희, 한국의 맛, 대한교과서 주식회사, 1988

155. 문수재. 식문화 및 식량경제, 한국식품과학회, 한국식품연구문헌총람(5):338-363, 1975

156. 한국 브리태니커회사, 브리태니커 세계대백과사전, 1993

157. 한국생활사박물관 편찬위원회, 한국 생활사 박물관 7-고려생활관 1 , 사계절, 2002.

158. 한국역사연구회, 고려시대 사람들은 어떻게 살았을까 2, 청년사, 1997

159. 한국생활사박물관 편찬위원회, 한국 생활사 박물관 8-고려생활관 2 , 사계절, 2003.

160. 강준식, 다시 읽는 하멜 표류기, 웅진 닷컴, 2002

161. 한국역사연구회, 조선시대 사람들은 어떻게 살았을까. 청년사, 1995

162. 한국생활사박물관 편찬위원회, 한국 생활사 박물관 9-조선생활관 1 , 사계절, 2003

163. 윤영근, 평설 흥부전, 남원시 한국예총원남지부, 글마당, 1997

164. 싱싱미 홈페이지, http://singsingmi.com/jaryo/html/rice1-3.htm

165. 한국생활사박물관 편찬위원회, 한국 생활사 박물관12-남북한생활관 , 사계절, 2004

166. 박영심, 장미라, 김은경, 명춘옥, 남혜원, 한국신문에 게재된 식생활 전반에 관한 기사내용
　　의 영양과학적 분석, 제1보:식습관 및 식품소비 패턴에 관한 조사연구, 한국식생활문화학회
　　지,11(4):517-525 ,1996

170. 한국역사연구회, 우리는 지난 100년동안 어떻게 살았을까, 역사비평사, 1998

171. 한국농촌경제연구원, 식품수급표 1987, 1988

172. 임효택 외 24인, 유물을 스스로 말하지 않는다. pp158-172, 푸른 역사, 2000

173. 국립춘천박물관, 통천문화사, 2002.

174. 권주현, 통일신라시대의 식문화연구-왕궁의 식문화를 중심으로, 한국고대사연구
　　68(12):263-298, 2012

175. 보건복지부, 질병관리본부, 2013 국민건강통계, 국민건강영양조사 제 6기 1차년도(2013):
　　352~356, 2014

176. 이성우, 중한식문화의 교류, 한국식문화학회지 4(2):191~198, 1989

177. http://www.encyber.com, Encyber 세계문화 탐방. 2005년 7월

178. 한국생활사박물관 편찬위원회, 한국 생활사 박물관10-조선생활관 2 , 사계절, 2004

179. 채범석, 우리나라 유제품의 사용실태와 그 영양학적 의미, 한국식문화학회지 5(1):157~ 168,
　　1990

180. 조흥윤, 한국 음식문화의 형성과 특징. 한국식문화학회지 13(1):1~8, 1998.

181. 윤서석, 한국 김치의 역사적 고찰, 한국식문화학회지 6(4):467~477, 1991

182. 이효지, 정미숙, 이성우, 한국 채소의 역사적 고찰, 한국식문화학회지 3(4):359~367 1988.

183. 조미숙, 한국채소의 음식문화, 한국식문화학회지 18(6):601~612, 2003

184. 보건복지가족부,질병관리본부, 2008국민건강통계 국민건강영양조사 제4기 2차년도
　　(2008), p356, 2009

185. 김치 박물관 홈페이지 http://www.kimchimuseum.or.kr

186. 조재선, 김치의 역사적 고찰, 동아시아 식생활학회지, 4(2):93~106, 1994

187. 이솔, 지명순, 김향숙, 반찬등속에 기록된 김치의 식문화적 고찰, 한국식품조리과학회지
　　30(4):486-497, 2014

188. 손정우, 한국 해조류 음식의 문헌적 고찰-1450~1950년대를 중심으로, 한국식품영양학회지
　　22(1):75~85, 2009

189. 이성우, 대두재배의 기원에 관한 고찰, 한국식문화학회지 3(1):1~5, 1988

190. 국립경주박물관, 안압지관, p. 32, 2002

191. 조경숙, 이미혜, 동서양 취식도구 문화에 대한 고찰-포크와 나이프, 스푼식문화권과 저식문화권, 한국조리과학회지 9(1):101~120, 2003

192. 손헌수, 한국의 두부연혁과 신규두부의 개발, 민족과 문화 6집:71~92, 1997

193. 국립공주 박물관 홈페이지, http://gongju.museum.go.kr/index_kr.html

195. 態倉 功夫, 일본식문화통사, 한국식문화학회지, 8(2): 187-200, 1993

196. 이원복, 먼나라 이웃나라-일본, 김영사, 2003

197. 일본사회의 이해, http://club.cyworld.com/ClubV1/Home.cy/52869 790, accessed 2010. 11. 29.

198. Ken Yamaji, Protein in the Japanese diet: cultural perspective on dietary habits and protein intake, Japan international agricultural council, 1987

199. 오쿠보 히로코, 에도의 패스트푸드, 청어람미디어, 2004

200. Michael ashkenazi & Jeanne Jacob, Food culture in Japan, Greenwood Press, Westport, Connecticut, 2003

201. Kerlo Hatae, 일본인의 음식문화와 식사패턴, pp75-110, 식사패턴과 식이지수 국제심포지엄 자료집, 전북대학교 병원 & 기능성식품임상시험지원센터 & 한국식생활문화학회, 2010

202. 박윤정, 최봉순, 서영주, 한국과 일본의 식생활에 관한 연구, 한국식문화학회지 7(1): 73~79, 1992

204. 한복진, 세계 두부 조리의 문화, 1998년도 동아시아식생활학회 추계학술대회 자료집, pp 93-144. 거목문화사, 1998.

205. 이성우, 한국 전통 발효식품의 역사적 고찰, 한국식문화학회지 3(4):331~339, 1988

206. 노성환, 젓가락 사이로 본 일본문화, 교보문고, 2003.

207. 김천호, 하라 후미코, 한국과 일본인의 식행동에 관한 조사연구(제 1보), 한국식문화학회지 4(1):59~69, 1989

210. 부썬 투이, 베트남 베트남사람들, 대원사, 2002

211. 외교통상부, 베트남개황, 2011

212. Terri Willis, Vietnam, Children's Press, a Division of Scholastic Inc., 2002.

213. 김기태, 베트남 음식문화 고찰, 한국외국어대학교 동남아연구소, 동남아 연구5권 0호:129~168,1995

214. 이요한, 베트남의 음식문화와 한국속의 베트남 음식, 동남아시아 연구 21(1):49~91, 2011

216. Bobby Chinn, wild, wild East: Recipes and stories from Vietnam, Barron's Educational series, pp14~24, 2008.

217. Trieu, Thi, The food of Vietnam, Periplus Editions LTD., pp 7~14, 1998.

218. 김기태, 전환기의 베트남, 조명 문화사, 2002

219. 유한나 외 3명, 함께 떠나는 세계식문화, 백산출판사, 2009

220. Mai Pham, Pleasures of the Vietnamese Table, Harper Collins Publisher, pp7~10, 2001

221. 임홍재, 베트남 견문록, 김영사, 2010

222. 베트남 쌀국수의 역사, http://terms.naver.com/entry.nhn?cid=293&docId=722379&mobile&categoryId=1481, accessed 2013.2.13

223. 조후종, 윤덕인, 베트남의 식문화에 관한 연구-어장문화와 일상식-, 한국식문화학회지, 12(3):289~299, 1997

225. 구성자, 김희선, 새롭게 쓴 세계의 음식문화, 교문사, 2006

226. Ruth Law, The southeast Asia Cookbook, Donald I. Fine, Inc, new York, pp 375~377. 1990.

227. Andrea, Nguyen, Into the Vietnamese Kitchen, Ten Speed Press, p8. 2006

228. 원융희, 세계의 음식이야기, 백산 출판사, 2003

229. http://www.imf.org, accessed 2013.3.31

230. 베트남을 알고 싶다, http://cafe.naver.com/futurevietnam/133, accessed 2013.2.21

231. 아세안 코리아센터, http://blog.naver.com/akcenter/80167490145, accessed 2013.2.27

235. 세계최대의 로마 가톨릭 국가 필리핀, 한국외국어대학교 출판부,accessed 2013.9.21

236. 외교부 남아시아 태평양국 동남아과, 필리핀개황, ㈜마스타상사, 2013

237. 박광섭, 필리핀인의 문화적 정체성과 특성, 한국아시아학회, 아시아연구 1권 0호:53~78, 1999

238. Alfredo Roces & Grace Roces, Culture shock! Philippines: a survival guide to customs and etiguette, 8th edi. Marshall cavendis editions, 2014

239. National Museum of the Philippines 홈페이지, http://www.nationalmuseum.gov.ph/, accessed 2015. 12.25

240. Marvin K. Mayers, A look at Filipino lifestyles, Sil Museum of Anthropoly Publications, Dallas, USA, 1980

241. 밀턴 오스본, 한권에 담은 동남아시아 역사, 도서출판 오름, 2000

242. Gerry G, Gelle, Filipino cuisine :recipes from the islands, Red Crane Books, New Mexico, 1997.

243. 동남아시아 사회와 문화 - 필리핀의 역사, 2004

244. 문수재, 손경희, 식생활과 문화, 신광출판사, 2000

245. Ruth Law, The southeast Asia Cookbook, Donald I. Fine, Inc, new York, 1990.

246. 장익진, 이것이 필리핀이다, 청조사, 1999

247. 양향자, 세계음식문화여행 아시아편, 크로바, 2006

248. 한혜원, 필리핀 100배 즐기기, 알에이치코리아, 2013

249. 조병욱, (이야기)필리핀사 : 역사와 문화를 알면 필리핀이 보인다, 해피&북스, 2013

250. 박금순, 한재순, 정외숙, 박어진, 박인경, 신영자, 이선주, 김향희. 안상희 공저, 세계의 음식 문화, 효일, 2004

251. 튜나기사, http://www.momonews.com/sub_read.html?uid=37000,accessed 2013. 8.22

252. 유승삼, 해외 여행 가이드36 세계를간다 · 필리핀, 중앙M&B, 1993

253. 알프레도 로체스, 그레이스 로체스, 필리핀 PHILIPPINES, 휘슬러, 2005

254. 필리핀의 역사, http://mirror.enha.kr/wiki/%ED%95%84%EB%A6%AC%ED%95%80/%EC%97%AD% EC%82%AC, accessed 2014. 9. 25

찾아보기

찾아보기(국문)

찾아보기(영문)

저자약력

장미라

1986	서울대학교 가정대학 식품영양학과 학사
1990	연세대학교 가정대학 식품영양학과 석사
1995	연세대학교 가정대학 식품영양학과 박사
1998~현재	강릉원주대학교 식품영양학과 교수
2014.7~2016.2	캔사스 주립대학교 호텔경영학과 research scholar

권준희(Junehee Kwon)

1991	서울대학교 가정대학 식품영양학과 학사
1993	미국 아이오와 주립대학 급식경영학 석사
1999	미국 아이오와 주립대학 급식경영학 및 영양학 박사
2000~2008	텍사스 여자대학교 식품영양학과 교수
2008~현재	캔사스 주립대학교 호텔경영학과 교수

세계음식문화

발행일   2016년 2월 29일 1판 1쇄
저 자   장미라·권준희
발행인   이 용 하
발행처   신광출판사
         주소/서울특별시 성북구 보문로 13마길 3
         전화/925-5051~3   FAX/925-5054
         홈페이지 : http://www.shinkwangpub.com
         이 메 일 : shkpub7@naver.com
         등록/1972년 12월 1일 No. 1-260

ISBN 978-89-6451-225-8 93590   〈값 22,000원〉

불법복사는 지적재산을 훔치는 범죄행위입니다.
저작권법 제97조의 5(권리의 침해죄)에 따라 위반자는
5년 이하의 징역 또는 5천만원 이하의 벌금에 처하거나
이를 병과할 수 있습니다.